城市景观设计（第二版）

刘谯　张菲 著
吴卫光 主编

上海人民美術出版社

图书在版编目（CIP）数据

城市景观设计 / 刘谯，张菲著. --2版. --上海：上海人民
美术出版社，2022.12
ISBN 978-7-5586-2403-2

Ⅰ.①城... Ⅱ.①刘...②张... Ⅲ.①城市景观 — 景观设计 — 研
究 Ⅳ.①TU984.1

中国版本图书馆CIP数据核字（2022）第173054号

城市景观设计 （第二版）

主　　编: 吴卫光

著　　者: 刘　谯　张　菲

统　　筹: 姚宏翔

责任编辑: 丁　雯

流程编辑: 孙　铭

版式设计: 胡思颖

技术编辑: 史　湧

出版发行: 上海人民美術出版社

　　　　　（地址：上海市闵行区号景路159弄A座7F　邮编：201101）

印　　刷: 上海丽佳制版印刷有限公司

开　　本: 889×1194　1/16　9印张

版　　次: 2023年1月第2版

印　　次: 2023年1月第1次

书　　号: ISBN 978-7-5586-2403-2

定　　价: 75.00元

序言

　　培养具有创新能力的应用型设计人才是目前我国高等院校设计学科下属各专业人才培养的基本目标。一方面，这个基本目标是由设计学的学科性质所决定的。设计学是一门综合性的学科，兼有人文学科、社会科学与自然科学的特点，涉及精神与物质两个方面的考虑。从"设计"这个词的语源来看，创新与应用是其题中应有之义。尤其在高科技和互联网已经深入我们生活中每一个细节的今天，设计再也不是"纸上谈兵"，一切设计活动都与创造直接或间接的经济利益和物质财富紧密相关。另一方面，这个基本目标也是 21 世纪以来高等设计专业教育所形成的一种新型的人才培养模式。在从"中国制造"向"中国创造"转型的今天，早已在全国各地高等院校生根开花的设计专业教育，已经做好了培养创新型人才的准备。

　　本套教材的编写，正是以培养创新型的应用人才为指导思想。

　　鉴于此，本套教材极为强调对设计原理的系统解释。我们既重视对当今成功设计案例的批评与分析，也注重对设计史的研究，对以往的历史经验进行总结概括，在此基础上提炼出设计自身所具有的基本原则和规律，揭示具有普遍性、系统性和对设计实践具有切实指导意义的设计原理。其实，这已经是设计专业教育的共识了。本套教材希望将设计的基本原理、系统方法融汇到课程教学的各个环节，在此基础上，以原理解释来开发学生的设计思维，并且指导和检验学生在课程教学中所进行的一系列设计练习。

　　设计的历史表明，推动设计发展的动力，通常来自社会生活的需求和科学技术的进步，设计的创新建立在这两个起点之上。本套教材的另一个特点，便是引导学生认识到设计是对生活问题的解决，要学会利用新的科学技术手段来解决社会生活中的问题。本套教材，希望培养起学生对生活的敏感意识，对生活的关注与研究兴趣，对新的科学技术的学习热情，对精神与物质两方面进行综合思考的自觉，最终真正将创新与应用落到实处。

　　本套教材的编写者，都是全国各高等设计院校长期从事设计专业的一线教师，我们在上述教学思想上达成共识，共同努力，力求形成一套较为完善的设计教学体系。

吴卫光

于 2016 年教师节

目录 Contents

Chapter
4

城市景观设计的方法

Chapter
5

城市景观设计的表达

Chapter
6

城市类型景观设计概要

Chapter 1
景观设计学与景观设计的概念

🔍 **学习目标**

建立景观设计学、景观设计与城市景观设计的概念,了解景观设计的演变过程。

🔍 **学习重点**

在景观设计的发展过程中,有三个重要的概念。
1. 景观设计学:我国现称"风景园林学",是关于景观的分析、规划布局、设计、改造、管理、保护和恢复的科学和艺术。
2. 景观设计:景观设计的本质在于探索人与环境的关系,基本内容仍然是围绕着一定的目的,重新调整安排环境秩序,使之符合功能、科学、文化背景等多目标要求。
3. 城市景观:指在城市范围内,包括自然要素、人工要素和人文要素在内所反映出来的城市视觉形象。

一、景观设计学的概念

景观设计学(Landscape Architecture)(我国现称"风景园林学")是关于景观的分析、规划布局、设计、改造、管理、保护和恢复的科学和艺术。

它是人类社会发展到一定阶段的产物,也是历史悠久的造园活动发展的必然结果。"景观设计师"(Landscape Architect)一词最早于1858年由美国景观设计学之父弗雷德里克·劳·奥姆斯特德(Frederick Law Olmsted)(图1)非正式使用,于1863年正式作为一种职业的称号,第一次在纽约中央公园委员会中使用。1900年,他的儿子小弗雷德里克·劳·奥姆斯特德(Frederick Law Olmsted Jr.)和舒克利夫(A.A.Sharcliff)首次在哈佛大学开设了景观规划设计专业课程,并在全美国首创了四年制的景观规划设计专业学士学位。经过景观设计师先驱们的不懈努力,现代景观设计在理论与实践上都取得了很大成就。而美国景观设计专业发展的成熟和完善则值得各国研究和学习(图2)。

在100多年的发展过程中,美国的景观设计专业日臻完善,在几个方面有所体现:首先,专业实践领域的拓展;其次,专业实践者的拓展;最后,设计元素和设计手法的拓展(图3、图4)。

景观设计学与建筑、城市规划、环境艺术、市政工程设计等学科有紧密的联系,而景观设计学所关注的问题是土地和人类户外空间的问题(仅这一点

❶ 美国景观建筑之父弗雷德里克·劳·奥姆斯特德。

009

Chapter 1 景观设计学与景观设计的概念

Chapter 2 景观设计的内容与尺度

Chapter 3 景观设计的思维建构

Chapter 4 城市景观设计的方法

Chapter 5 城市景观设计的表达

Chapter 6 城市类型景观设计概要

		学分
要求	48	设计课以培养设计技能
	42	专业必修课
	12	三个方面的限选课：历史、社会经济、自然系统
	18	任选课以提供专门研究的机会
第一学期	8	（初级）景观设计（设计课）
	4	（初级）景观绘图（视觉研究）
	4	（初级）现代园林和公共景史：1800年至今
	2	（初级）景观技术基础
	2	（中级）植物配置基础
第二学期	8	（初级）景观设计（设计课）
	4	（初级）景观设计理论
	2	（初级）景观技术
	2	（中级）植物配置基础
	4	（限选）自然系统课程或（初级）场地生态学
第三学期	8	（中级）景观规划与设计（设计课）
	4	（初级）计算机辅助设计
	4	（中级）景观规划理论和方法
	4	限选课
第四学期	8	（中级）景观规划与设计（设计课）
	2	（中级）景观技术
	2	（中级）景观技术
	2	（中级）植物配置
	2	（中级）植物配置
	4	任选课
第五学期	8	（高级）自选设计课
	4	（中级）设计行业管理（专业管理选修课之一）
	2	（限选）科学技术课
	6	任选课
第六学期	8	（高级）自选设计课
	4	（中级）设计法规（专业管理选修课之二）
	8	任选课
	12	（高级）独立MLA论文研究
	4	（中级）设计法规（专业管理选修课之二）
	4	任选课 ❷

❷ 哈佛大学景观规划设计专业学生需有120个学分后才有资格获得MLA学位。

❸ 百年以前美国景观设计案例——弗雷德里克·劳·奥姆斯特德和卡尔弗特·沃克斯（Calvert Vaux）：美国纽约中央公园。

❹ 2014年美国景观设计案例——James Corner Field Operations：费城海军造船厂中央绿地。

就有别于建筑学）。它与现代意义上的城市规划的主要区别在于：景观设计学是物质空间的规划和设计，包括城市与区域的物质空间规划设计，而城市规划更主要关注社会经济和城市总体发展计划。城市规划是一定时期内城市发展的目标和计划，是城市建设的综合部署，其目的是通过城市与周围影响地区的整体研究，为居民提供良好的工作、居住、游憩和交通环境。与市政工程设计不同，景观设计学更善于综合地、多目标地解决问题，而不是目标单一地解决工程问题。

景观设计学与环境艺术（甚至大地艺术）的主要区别在于：景观设计学的主要通过综合的途径解决问题，关注的是一个物质空间的整体设计。其解决问题的途径是建立在科学理性的分析基础上的，而不仅仅依赖设计师的艺术灵感和艺术创造。[1]

景观设计师有别于传统造园师（Gardener，对应于Gardening）、风景花园师（Landscape Gardener，对应于Landscape gardening）的根本之处在于景观设计这一职业是在工业革命后，随着工业化以及城市化的发展而出现，也是建立在现代科学技术基石之上。景观设计师的工作对象是土地的环境综合性问题，绝不是某个单一层面（如视觉审美意义上的风景问题）。

二、景观设计的概念

1. 景观（Landscape）的概念

景观在汉语中的意思指某地区或某种类型的自然景色，也指人工创造的景色，如果撇开英文单词，景观美学在中国的汉代就已经出现，比欧洲早了1200年。那时，结合道家的"天人合一"的思想，寄情山水的意境，产生了相关的"山水风景"的概念（图5）。

与景观相对应的英文单词是"Landscape"。"Landscape"一词来源于"land"加上了词根"-scape"，使得一个具象的名词转为抽象的名词。由于不常用，landscape重新在英文中使用是在17世纪。这一词汇来自荷兰语，是画家的专业词汇。它的含义是一个理想的大地景观，集中了一些现实中的景色（图6）。到18世纪时，由于设计的需要，景观设计师逐渐将它用于形容理想的场所。在现代英语中，画家用它形容大地景观，而不是大地本身。19世纪的地理学家们用它作为其专业词汇，去形容地形演化的最终结果。根据这一词源的历史，我们有理由将它用于形容一种特别的景观。

景观的基本概念是认知的主体和客体的统一，即作为认知主体的人与作为客体的物质对象的统一。景观来自观景的过程，景观在作为认知的客体存

❺ 古代的山水画表达的"山水风景"：巨然的《秋山问道图》。

❺

[1] 俞孔坚、李迪华. 景观设计：专业学科与教育导读 [J]. 中国园林，2004：7—8.

❻ 荷兰风景画：梅因德尔特·霍贝玛（Meindert Hobbema）的《密德哈尼斯村道》。

❼ 景观设计的本质在于探索并优化人与环境的关系。

011

Chapter 1 景观设计学与景观设计的概念

Chapter 2 景观设计的内容与尺度

Chapter 3 景观设计的思维建构

Chapter 4 城市景观设计的方法

Chapter 5 城市景观设计的表达

Chapter 6 城市类型景观设计概要

在的同时，还有一个作为认知主体的人的存在。景观是心物合一的产物，对人自身的研究和变化会影响景观的存在方式。当人和时间作为维度变化，而景观保持不变的时候，人看到的是不同的东西。人和景观对象之间的关系就是这样。作为本体论的景观中的人，是具有时间性的。所以，只有和人发生关系，才能构成整体的景观。其中起主导作用的是作为主体的人的创造性活动。因此，景观具有心物结合的二元结构特征。

2. 景观设计（Landscape Architecture）的概念

景观设计归根结底反映了人们的环境观念、人们对于外部世界的看法。从景观学成立迄今已有百余年历史，无论景观设计发展如何缤纷多彩，一个亘古不变的主线是景观设计的本质在于探索并优化人与环境的关系，基本内容仍然是围绕着一定的目的，重新调整安排环境秩序，使之符合功能、科学、文化背景等多目标要求（图7）。

景观生态学原理、现代空间理论、行为心理学以及设计艺术思潮等领域的探索与研究奠定了现代景观设计发展的基石。现代景观设计强调尊重自然、尊重人性、尊重文化，生活、科技、文化的交融成为现代景观设计的源泉。我们通过将空间、行为、生态及人文精神有机结合，综合提升土地的使用价值与效率，以可持续的方式、方法促进人居环境的发展。

正如约翰·O.西蒙兹（John O. Simonds）指出："景观，并非仅仅意味着一种可见的美观，它更是包含了从人及人所依赖生存的社会及自然那里获得多种特点的空间；同时，应能够提高环境品质并成为未来发展所需要的生态资

源。"不断地探索并优化人与自然的关系，始终是景观设计发展的前进动力。当代景观设计已超越单纯追求美观或纯粹的生态至上的界限。在科学的基础上，强调感性与理性的结合，表现人工与自然融合成为现代景观设计的发展趋势。现代景观设计以多学科的整合为基础，它与建筑学、城市规划学共同构成人居环境建设的三大学科（图8）。

刘滨谊教授指出，历经百年，时至今日，景观设计的内容已扩展得越发广泛：在时空范围上，从区域旅游发展规划到城市广场、公园、居住小区景观环境；在项目内容上，从风景名胜区总体规划、旅游度假区策划规划、主题公园规划到城市绿地系统规划、道路景观规划设计、滨水带规划设计；在项目性质上，从自然原始景观的保留到人工生态的再造，从传统文化的发掘到现代精神的追求，从基于理性的解析重构到基于浪漫的随心所欲，从基于工程技术的计算论证到基于文学艺术的灵感顿悟。总之，落实在各个具体项目中的现代景观规划设计时空跨度之大、项目种类之多、呈现结果之丰富，已远远超越了传统意义上的景观园林，诗情画意仍需要，叠山理水也不可少，但仅靠这些园林的传统已难以满足今天社会对于景观的需要。目标的大众性、项目内容与参与人员的丰富性、规划设计实践的环保性，这三个特性代表了现代景观有别于传统园林的基本特性。[2]

刘滨谊教授还概括了现代景观规划设计的三大方面：景观环境形象、环境生态绿化、大众行为心理，并谓之现代景观规划设计的三元素。综览全球景观规划设计实例，任何一个具有时代风格和现代意识的成功之作，无不饱含着对这三个方面的刻意追求和深思熟虑，所不同的只是视具体规划设计情况，三元素所占的比例以及侧重不同而已（图9）。

❽ 现代景观设计与建筑学、城市规划学共同构成人居环境建设的三大学科。

❾ 一个具有时代风格和现代意识的景观设计之作，包含塑造优美的环境形象、营造生态环境和关注大众身心健康三方面。

人居环境建设的三大学科：

建筑学

城市规划学　　景观设计学

❽

❾

[2] 刘滨谊 . 景观规划设计三元论——寻求中国景观规划设计发展创新的基点 [J]. 新建筑，2001: 5.

013

Chapter 1 景观设计学与景观设计的概念

Chapter 2 景观设计的内容与尺度

Chapter 3 景观设计的思维建构

Chapter 4 城市景观设计的方法

Chapter 5 城市景观设计的表达

Chapter 6 城市类型景观设计概要

❿ 作者设计的"时光之廊"景观构筑物。

⓫ 作者设计的南京浦口八里河滨水景观。

⓬ 作者改造设计的南京市芳草园小学校园景观。

景观环境形象是根据美学规律利用空间中的景观，创造出美丽的环境形象，这是基于人类的视觉感官出发的（图10）。

环境生态绿化是从人类的生理需要出发，根据生物学原理，结合阳光、气候、土壤、水资源等，研究如何保护并建立适宜的物质环境。这些都是现代特别注重环境意识的需求（图11）。

大众行为心理是随着人口增长、现代信息社会多元文化交流以及社会科学的发展而注入景观规划设计的现代内容。它主要是从人类的心理感受、精神需求出发，根据人类在环境中的行为心理乃至精神生活的规律，利用心理、文化的引导，研究如何创造使人赏心悦目、浮想联翩、积极上进的精神环境（图12）。

景观环境形象、环境生态绿化、大众行为心理三元素对人们环境感受所起的作用是相辅相成、密不可分的。一个优秀的景观环境为人们带来的感受，必定包含着三元素的共同作用。这也就是中国古典园林中的三境——物境、情境、意境一体的综合作用。由此可见，现代景观规划设计同样包含着传统中国园林设计的基本原理和规律。

现代意义上的景观规划设计，因工业化对自然和人类身心的双重破坏而兴起，以协调人与自然的相互关系为己任。它与以往的造园相比，最根本区别在于现代景观规划设计的主要创作对象是整体人类生态系统，其服务对象是人类和其他物种，强调人类发展和资源及环境的可持续性。[3]

三、城市景观设计的内涵

1. 景观的内涵

景观设计分为两个阶段，第一个阶段以"园林"的形式出现在历史中，第二个阶段是在工业革命之后，开始出现为大众服务的各类"景观设计"建造。

园林的发展史同时也是社会的进步史。园林从早期帝王贵族们的奢侈品（图13）到供富裕阶层享乐的室外居所，最终成为广大人民享受自然的公共场所（图14），充分体现出时代的进步、社会的公正和人们生存环境的改善。园林从由私

⓭ "早期帝王贵族们的奢侈品"——凡尔赛宫苑。

⓮ 克莱德·沃伦公园是达拉斯的中心城市公园。

015

Chapter 1 景观设计学与景观设计的概念　　Chapter 2 景观设计的内容与尺度　　Chapter 3 景观设计的思维建构　　Chapter 4 城市景观设计的方法　　Chapter 5 城市景观设计的表达　　Chapter 6 城市类型景观设计概要

人建造的领域走向公共建设的范畴,也使得园林艺术的形式更加丰富多彩。

景观有多重含义,甚至汉字与其西文本源的含义都不同,这个问题成为景观概念乱象的基本原因。[4] 为此,我们可通过用一个矩阵表来找到各种景观的共性,探寻其真正内涵。

由表1可知,可视性是景观的真正内涵,如果不指明是在哪个具体概念上采用的,则很容易犯"偷换概念"的错误。这里最常见的错误包括"景观有生态作用""景观是美的""景观是自然与人类共同作用的结果"之类的判断。

表1　各种景观概念的含义

	自然	美	可视	空间性	地表上	人文
风景（画）	√	√	√			
景观地理学			√	√	√	
景观生态学	√		√	√	√	
景观（汉字）		√	√	√	√	
景观设计	√	√	√	√	√	√

注: √ 为不可或缺; 空间性包括三维性和围合感

2. 城市景观（Urban landscape）的内涵

"城市景观"一词最早出现在1944年1月的期刊《*The Architectural Review*》,当时的标题是"*Exterior Furnishing or Sharawaggi: The Art of Making Urban Landscape*"。在这之后,关于城市景观的研究涉及了很多方面。城市景观虽然涉及很多的美学问题,但也反映了城市的本质,表征着人类文明的存在。因此,城市景观是城市中各种物质形体环境（包括城市中的自然环境和人工环境）通过人的感知获得的视觉形象,其中人的感知能力与理解能力则受到社会因素的制约。并且,城市景观具有的二元结构特征,使得以人及相关的时间作为变化维度的、在城市物质形体环境中的生活方式与特定的文化活动也同样归属于城市景观的范畴（图15）。

城市景观是指在城市范围内,包括自然要素、人工要素和人文要素所反映出来的城市视觉形象。城市中的自然要素包括自然状态下的地形地貌、气候特征、水文、植被等等,人工要素包括人们建造的非自然的广场、建筑、道路、艺

❶❺ 人的特定文化活动也归属于城市景观的范畴。

[4] 王绍增在其论文《论 LA 的中译名问题》《必也正名乎——再论 LA 的中译名问题》《园林、景观与中国风景园林的未来》中都提到了 LA 的中译名的问题及其名称的更迭,从庭园学、庭园设计、造园学到风景园林、景观建筑到景观营建等名称。这里的"景观概念乱象"即是这种名称更迭过程中出现的各种名称的附加及其乱用。

术品等等，人文要素包括各个不同城市独有的文化传统、风俗习惯、社会生活等。显而易见，城市景观的形成是规划师、建筑师和景观设计师协同塑造的结果，是人类文化的历史积淀。

一般来说，城市景观涉及的内容很广，包括城市的实体与空间处理、城市的整体轮廓线、城市与自然因素的结合部分等等。从城市尺度的大规模区块，到小尺度的小品雕塑等，都属于城市景观的范畴。城市景观的客体涉及了城市的功能、艺术形象、技术水平等，主体则涉及了人的视觉和生理、心理、知识结构等多方面的内容。

与自然演进相反，城市景观的另一种途径更多地反映人的意志的控制、引导、发展。这是一种基于城市规划体系下的，自上而下的景观演进方式，体现了景观变化过程中的人的理性思维。中国传统城市和现代城市景观大多是基于此模式建立和发展的。景观形态中的人工痕迹、理想化痕迹表现得也更为明显。在控制引导机制下产生的景观特征大多具有明显的几何形态，呈现出鲜明的条理性和秩序感。

课堂思考

1. 简述景观设计师和传统造园师的职责有何不同。
2. 简述景观设计的内容包含哪些。
3. 简述现代景观规划设计包含哪三大方面。

知识链接
景观设计学与景观设计的概念

Chapter 2
景观设计的内容与尺度

🔍 **学习目标**

掌握景观设计的尺度原则以及景观设计的尺度制约。了解城市景观设计的内容与尺度。

🔍 **学习重点**

1. 王绍增将尺度原则划分为三类。A 类：是绝对由人工制造的城市建筑密集区。B 类：是风景园林的领域。C 类：是绝对自然的自然保护区和人迹罕见的森林、草原、湿地、冰川、荒漠等。

2. 刘滨谊教授指出风景园林学其二级学科的研究内容有：
（1）风景园林历史理论与遗产保护；（2）大地景观规划与生态修复；（3）园林与景观设计；（4）园林植物应用；
（5）风景园林工程与技术。

3. 景观设计通过设计尺度大小分为从国土尺度到细部尺度六种划分方法，综合起来就是国土尺度（100—1000km² 范围）、城市尺度（10—100km² 范围）、社区区域尺度（1—10km² 范围）、街区广场尺度（100—1000m² 范围）、庭园空间尺度（10—100m² 范围）、景观细部尺度（1—10m² 范围）。

一、景观设计的内容

1. 景观设计的内容分类

"无论东西方，园林的起源都是人类在其穴居点或巢居点附近围起来的篱笆内从小面积种植开始的，是一种艺术（Art），那是人的尺度，本质上是以人为中心的。无论是建筑（Architecture），还是园艺（Horticulture），都属于人的创作，属于文化。至于园林为何在波斯以东的地域很快进入'猎苑'式，而在巴比伦以西走向几何式，暂时还没有一个准确的定论。事物发展的总方向，是产生自己的对立面。宇宙从无机世界发展出有机界，生物界从孤雌生殖发展到阴阳两性，大自然发展出自己的对立面人类。而人类的出现与以前的最大不同是人类有意识、有能力主动掌控规律，为了自己的利益而改造世界，这本身是具有两面性的，可能创造人类幸福，也可能制造地球毁灭。现阶段人类对自己任务的认识，还存在着基本的分歧：是继续以盲目发展（创造幸福）为主，还是转而以保护自然为主？"[5]

按照王绍增的说法，随着园林向风景拓展，Garden向Landscape转化，风景园林拓宽了自己的视野，拥有更大的尺度，乃至现今有了规划地球的梦想。梦想，是人类的天性，但矛盾律告诉我们，任何美丽的事情都必有自己的

[5] 王绍增.关于中国风景园林的地位、属性与理论研究 [J]. 中国园林，2004：5.

019

Chapter 1 景观设计学与景观设计的概念 　Chapter 2 景观设计的内容与尺度 　Chapter 3 景观设计的思维建构 　Chapter 4 城市景观设计的方法 　Chapter 5 城市景观设计的表达 　Chapter 6 城市类型景观设计概要

对立面。所以，随着风景园林尺度的放大，由艺术为主向科学为主的转变应该是必然的。而在不同的尺度空间遵从不同的原则，是协调人工与自然的很好途径，简称为尺度原则，详述如下。

A 类：是绝对由人工制造的城市建筑密集区，也是人类才华的集中展示区，或许除了空气，自然在这里可有可无（未来可能用巨大的玻璃罩之类笼罩起来，甚至空气都依靠人造）。例如，控制在1%以下，这样也有100多万km²，假如以地球总人口100亿计算，人均也有100多m²。原则上，这里是建筑师和城市设计师的天下，不是风景园林师的责任，但有些风景园林师（特别是具有建筑、规划或美术基础的）和园艺师也能参与。

B 类：是风景园林的领域，根据不同的自然与人工之权重比例，大体上可以分为四类。

（1）自然占有空间的两成，人工占有八成，这主要指城市和工矿区。这里自然所占的两成（指功能，不是指面积），主要指绿色基础设施。城市应该是市民的天下，在这里让人们做自己的"上帝"，让科学和文化充分发展，过足征服自然的瘾。在这里，"以人为本"的方针是完全正确的，一切对人不利的东西（各种自然灾害以及猛兽、害虫、禽流感之类）越远越好。所以人类在顶层设计阶段就应该把市民的能力范围尽量压缩。比如，控制城市和建设用地的总面积不超过地球陆地面积的 2%—3%（这已经足够 100 亿人口之需），特别是其中还可以分出 3%（即陆地总面积的 1‰左右）留给那些以自我表现为己任的艺术家，由着他们自由发挥。

（2）自然占有空间的四成，人工占有六成，这主要指农村类型的人居环境。那些热衷于表现自己的艺术家最好主动把自己限制在城市里活动，尽量少进入这个领域，把它留给当地居民和自然环境。

以上（1）（2）两种类型，合计最好不超过地面的 5%。

（3）自然占有空间的六成，人工占有四成，这主要指第一产业用地，如农田、牧场、鱼塘、经济林等。这里的土地主要为人类经济服务，但遵循的主要是自然规律。一般讲，这里不是风景园林师做主的领域，但风景园林师可以提供自己的建议。大地艺术家进入该领域，也要严格限制在不影响生态和经批准的条件下。这一块的面积或许占到地面的三成至四成。

（4）自然占有空间的八成，人工占有两成，这主要指风景名胜区、国家公园、郊野公园等。这里是人类开始侵入大自然的地方，应该以大自然为主，人工只是必要的服务设施和风景点缀，风景园林师可以从有权决定哪些东西该归属"上帝"、哪些地方可以接近"上帝"、哪些地方可以表达人类的自豪中，感到自己拥有无上的荣耀。但是风景园林师的野心不应该太大，因为人们到这里最崇高的目的不过是接受博物、生态的教育和自然美的陶育，而不是冒犯自然，更不是体验景观设计师的伟大。

C 类：是绝对自然的自然保护区和人迹罕见的森林、草原、湿地、冰川、荒漠等。

现代景观规划设计的范围非常广阔。西蒙兹在书中向我们阐述了诸如区域规划、城市规划、社区规划、道路规划、建筑物和构筑物室外环境设计等方面的景观规划设计原则和方法。但职业景观设计师的工作还远远不止这些，还应该有：城市公园、城市广场、社会机构和企业园景观、国家公园和国家森林的规划，矿山迹地的恢复，自然景观重建，滨水区、乡村庄园、花园、休闲地的设计等。此外，近年来深受关注的城市水系的整治、遗产廊道的修复，也是景观设计师的重要工作内容之一。[6]

2. 风景园林学的研究内容

刘滨谊教授在他的文章《对于风景园林学5个二级学科的认识理解》中为我们清晰地指出作为国家一级学科的风景园林学，其二级学科的研究内容。

（1）风景园林历史理论与遗产保护

该二级学科要解决风景园林学学科的认识、目标、价值观、审美等方向路线问题。主要领域：① 以风景园林发展演变为主线的风景园林文化艺术理论；② 以风景园林资源为主线的风景园林环境、生态、自然要素理论；③ 以风景园林美学为主线的人类生理心理感受、行为与伦理理论。这三大领域的综合构成了包括各类风景园林遗产保护在内的风景园林学科实践应用的理论知识基础。这是一个以"理论""风景园林遗产"为核心词的二级学科（图16）。

❶ 风景园林遗产案例——世界文化遗产：苏州拙政园。

[6] 刘玉杰 . 现代景观规划设计诠释——由西蒙兹的《景观设计学》谈起 [J]. 中国园林, 2002: 1.

❶ 对污染了的城镇环境进行生态修复的实践案例——Design Workshop: 美国山地景观修复性设计。

❶ 城市公共空间设计案例——SWA: 从棕地到公园, 宁波生态走廊。

021

Chapter 1 景观设计学与景观设计的概念

Chapter 2 景观设计的内容与尺度

Chapter 3 景观设计的思维建构

Chapter 4 城市景观设计的方法

Chapter 5 城市景观设计的表达

Chapter 6 城市类型景观设计概要

（2）大地景观规划与生态修复

该二级学科要解决风景园林学科如何保护地球表层生态环境的基本问题。主要领域: ① 在宏观尺度上, 面对人类越来越大规模尺度的区域性开发建设, 运用生态学原理对自然与人文景观资源进行保护性规划的理论与实践; ② 在中观尺度上, 在城镇化进程中, 发挥生态环境保护的引领作用, 进行绿色基础设施规划、城乡绿地系统规划的理论与实践; ③ 在微观尺度上, 对各类污染破坏了的城镇环境进行生态修复的理论与实践, 诸如工矿废弃地改造、垃圾填埋场改造等。这是一个以"规划""土地""生态保护"为核心词、科学理性思维为主导的二级学科, 时间上以数十年至数百年为尺度, 空间变化从国土、区域、市域到社区、街道不等, 需要具有高度的时间和空间上的前瞻性(图17)。

（3）园林与景观设计

该二级学科要解决风景园林如何直接为人类提供美好的户外空间环境的

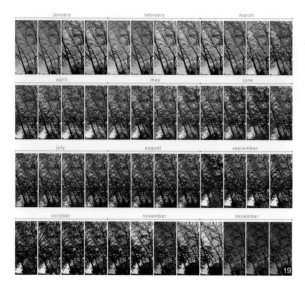

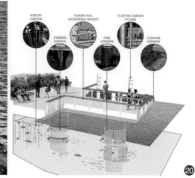

基本问题。主要领域：① 传统园林设计理论与实践；② 城市公共空间设计理论与实践，包括公园设计，居住区、校园、企业园区等附属绿地设计，户外游憩空间设计，城市滨水区、广场、街道景观设计等（图18）；③ 城市环境艺术理论与实践，包括城市照明、街道家具等。这是一个以"设计""空间""户外环境"为核心词的兼具艺术感性和科学理性的二级学科，需要丰富、深入的生活体验和富有文化艺术修养的创造性。因为实践内容与日常人居环境息息相关，学科专业应用面广量大。

（4）园林植物应用

作为风景园林最重要的材料，该二级学科要解决植物如何为风景园林服务的基本问题。主要领域：① 园林植物分析理论与实践（图19）；② 园林植物规划与设计理论与实践；③ 风景园林植物保护与养护理论与实践。

（5）风景园林工程与技术

该二级学科要解决风景园林的建设、养护与管理的基本问题。主要领域：① 风景园林信息技术与应用；② 风景园林材料、构造、施工、养护技术与应用（图20）；③ 风景园林政策与管理。[7]

二、景观设计的尺度

1. 景观设计的六种划分方法

景观规划与设计，设计受到尺度的制约，有的设计形态通过肉眼就可以把握全部，而有的设计形态是国土尺度上的，必须借助其他的媒介才可以获得较为全面的认知。我们在开始学习景观设计之前必须首先要了解景观设计尺度，

⑲ 园林植物分析实践案例——奥本大学建筑、规划与景观设计学院景观表现实验室：物候学项目对一年内樱花的空间及结构特性的研究。

⑳ 亲水平台的景观构造：含有材料、构造、植物与灯光等组成部分。

[7] 刘滨谊. 对于风景园林学 5 个二级学科的认识理解 [J]. 风景园林，2011: 2.

㉑ 国土尺度设计案例——刘滨谊：新疆阿克苏市城市森林规划。

㉒ 城市尺度设计案例——马来西亚森林城市，国际都市新模式。

因为不同的尺度设计需要不同的设计要求、设计定位和设计方法。

比较广泛被认可和被运用的是将景观设计通过设计尺度大小分为从国土尺度到细部尺度六种划分方法，综合起来就是国土尺度（100—1000km² 范围）、城市尺度（10—100km² 范围）、社区区域尺度（1—10km² 范围）、街区广场尺度（100—1000m² 范围）、庭园空间尺度（10—100m² 范围）、景观细部尺度（1—10m² 范围）。

（1）国土尺度：此尺度涉及的景观面积在 100—1000km²，这种尺度的景观设计将关注点放在区域土地利用规划、经济发展战略布局以及行政区域内的交通运输与基础设施规划上。生态学、地理学、气候学、社会学在这一尺度的设计中起到重要作用，这个尺度的景观设计通常是以区域平面图、地图的形式出现，其形态的生成更多关系到地理、气候、生态的意义，近似于格局、结构与各方面因素的关系（图 21）。

（2）城市尺度：此尺度涉及的景观面积在 10—100km²，这种尺度的景观设计主要是在城市格局内对地形、生态、交通、经济与商业等方面进行分析与规划，其成果是城市区域概念规划或详细规划，城市尺度下的形态认识与意象相关，不具体、不完整、不局限，对形态的把握主要通过规划与设计的平面分析图及模型（图 22）。

（3）社区区域尺度：此尺度涉及的景观面积在1—10km²，这种尺度景观设计多以城市街道、城市大型居住区、大型公共空间或乡村村落的形式呈现，在这一尺度的设计中，除了考虑交通系统、经济状况、土地特征、气候气象条件外，还应重点对文化特色包括城市家具、夜景景观照明、城市导视及广告户外系统、水景观系统等与视觉景观效果相关联的项目进行分项设计。在这一尺度的设计中，形态的感受与人的正常视角感受相关。平面图、鸟瞰图、轴测图、剖面图与立面图和较小比例的模型是设计者研究的主要手段（图23）。

（4）街区广场尺度：此尺度涉及的景观面积在100—1000m²，这种尺度景观设计是要通过分析与设计，创造出有创新意义、引起人视觉注意的场所，

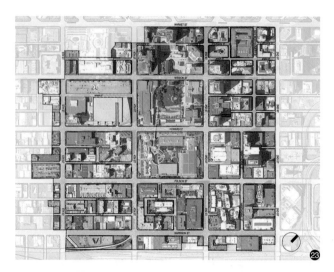

㉓ 社区区域尺度设计案例——耶尔巴布埃纳生活街区景观规划。

㉔ 街区广场尺度设计案例——波士顿邮政广场公园。

㉕ 庭院空间尺度设计案例。

㉖ 景观细部尺度设计案例——作者设计的南京国创园工业遗存景观艺术装置。

025

Chapter 1 景观设计学与景观设计的概念　Chapter 2 景观设计的内容与尺度　Chapter 3 景观设计的思维建构　Chapter 4 城市景观设计的方法　Chapter 5 城市景观设计的表达　Chapter 6 城市类型景观设计概要

这类场所常涉及如城市公共广场、小型街道、住宅小区、村庄聚落、小公园等空间。此类型景观空间在设计中主要以人的空间综合感受为依据，强调人在这类空间中的视觉、触觉的舒适感、精致感。艺术化的细部处理在此类尺度景观设计中也非常重要，形态更直观、具体，与人感知的尺度更贴近（图24）。

（5）庭园空间尺度：这是花园和小公园的尺度，此尺度涉及的景观面积在10—100m²，这种尺度的景观设计关注的是细部要素的空间组织，创新性设计，为某个特定场所创造独特空间环境和气氛是这种尺度景观设计的主要目的。设计师在考虑设计因素时对土地形状、微气候条件、人的活动方式及特点进行较仔细的分析，景观形态把握到地面铺装、墙面质地及色彩、植物种植等种种细节，视觉因素起着十分重要的作用（图25）。

（6）景观细部尺度：此尺度涉及的景观面积在1—10m²，实际上这一尺度主要是景观的个体与细部，如铺装细节、材料、色彩、个体植物，这一尺度主要揭示设计师细致的艺术手法与技术的综合表现。景观形态的观察要具体、细节，形态的细节性也会提升景观的品质（图26）。

2. 景观设计的宏观、中观、微观尺度划分

第二种分法是按照刘滨谊教授的说法，景观设计可以分为宏观、中观、微观三个层次。每个层次下景观设计诉求不尽相同。

（1）宏观尺度的景观设计

土地环境生态与资源评估和规划，大地景观化（绿化—蓝化—棕化规划）、特殊性大尺度工程构筑的景观处理、风景名胜区与旅游区规划，这些属于景观设计师职业范畴内的项目内容，跨越的尺度宏大。宏观尺度景观设计的范围规定了宏观尺度的景观形态，尺度巨大，在视觉上更具有远距离的遥望与观看的意义。很难从一个视域去把握宏观尺度的景观全貌，必须借助于地图、指示、文字、介绍、第三者的转述等媒介（图27）。

（2）中观尺度的景观设计

场地规划，城市设计，旅游度假区、主题园、城市公园设计，中观的景观规划设计下的景观设计更多地反映与城市多元素的协调问题（图28）。

（3）微观尺度的景观设计

微观景观设计包括街头小游园、街头绿地、花园、庭院、古典园林、景观小品等设计。由于微观景观设计的尺度小巧，与人的视觉可观性密切相关，因此，景观设计的生成与把握更贴近人的尺度，其形态生成的方法借鉴艺术设计的方法，为目前大多数设计师的选择（图29）。

尺度不同，形态的可感性不同，宏观尺度的景观因为超越了视觉所能把握的范围，因而可感性弱，仅通过第三者印证来获得印象，且其景观形态多反映对环境的整体功能平衡上，近似于图示的二维模型表达，二维效应明显且在二

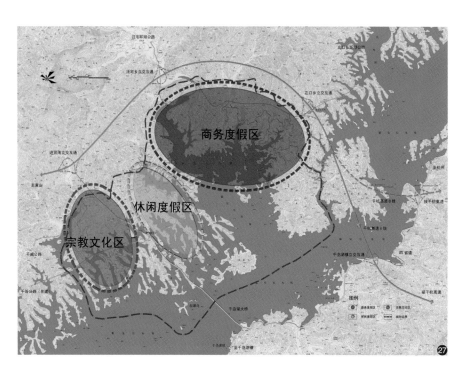

27 宏观尺度景观形态：千岛湖旅游风景区景观规划（27.58km²）。

28 中观尺度景观形态：作者参与设计的宣城鳄鱼湖景区景观规划设计（2.63km²）。

29 微观尺度景观形态：作者设计的南京今日家园住区景观（0.028km²）。

027

Chapter 1 景观设计学与景观设计的概念

Chapter 2 景观设计的内容与尺度

Chapter 3 景观设计的思维建构

Chapter 4 城市景观设计的方法

Chapter 5 城市景观设计的表达

Chapter 6 城市类型景观设计概要

维上反映出所有的信息整合。

而中观尺度与微观尺度的景观，基本上在人的视域能把握的范围，具有体量的效应。

尺度必须分级，尺度影响着对设计的诉求。不同尺度，感知不同，设计要求也不同。这就如同规划和详细设计的层面不同，关注的对象和重点也不同。规划关注的是大的、宏观的方面，而细部设计是具体、形式、色彩、肌理的。

三、城市景观设计的内容与尺度

"城市景观设计也可以说是在城市中将自然与人工的环境和景物从功能、美学上进行合理的保护、改造、组织和再创造的活动。"[8]

但是这种设计活动的目的并不仅仅在于塑造景观对象，还在于探究城市景观的视觉环境脉络的整体关系，探究蕴藏在其中的社会人文环境背景、物质形态的动态演化过程，从而引发我们对于城市空间与实体、环境保护与改造、对象功能与价值等方面的不断思考与正确观念的形成。

城市景观概念的形成过程，不仅是对城市物质形态内涵的整体感知过程，而且是随着人们的认知水平不断地完善提高的过程。因此，城市景观的本质是城市中的人的生活方式和城市景观的概念以及城市景观的物质形态之间的交互关系的结果，是人与自己创造的人类物质文明的一次记录和对话。其中，概念表征着作为主体的人对客体的景观形态的认知水平，是人类文明历史在每一阶段的总结，是科学理性思维与感性认知的统一，是人与城市物质形态之间的桥梁。

城市景观设计属于中观与微观尺度的景观设计。

1. 城市景观构成要素

按照凯文·林奇的分析，城市景观构成要素包括道路、区、边缘、标志和中心点五种要素。

（1）道路

城市的道路交通网是城市的整体骨架，包括城市各级道路、河道、步行街等，呈现出带形的景观形象，是城市景观的重要组成部分。[9]

（2）区

区是具有共同特征和功能的、较大范围的城市地区，如居住区、商业区、高等学校教学区、城中村等，在城市景观形象中是以"片"的特征呈现，它的变换

---

[8] 徐思淑，周文华. 城市设计导论 [M]. 北京：中国建筑工业出版社，1991.

[9] [美] 凯文·林奇. 城市意象 [M]. 方益萍，何晓军，译. 北京：华夏出版社，2001.

对城市的整体景观影响很大。[10]

（3）边缘

城市的边缘指的是区与区的界限、城区与郊区的界限，其界定的标志可能是一条绿化带、河岸、山峰或者是高层建筑等，边缘应能从远处望见，也易于接近，提高其形象作用。[11]

（4）标志

标志是城市中令人产生印象的突出景观。有些标志很大，能在很远的地方看到，如电视塔、摩天楼；有些标志很小，只能在近处看到，如街钟、喷泉、雕塑。标志是形成城市图像的重要因素，有助于使一个区获得统一。一个好的标志既是突出的，也是协调环境的因素。[12]

（5）中心点

中心点也可看作是标志的另一种类型。标志是明显的视觉目标，而中心点是人们活动的中心。空间四周的墙、铺地、植物、地形、照明灯具等小建筑物的布置和连贯性，决定了人们对中心点图像的形成能力。[13]

道路、区、边缘、标志和中心点是城市图像的骨架，它们结合在一起构成了城市的景观。在城市规划时，应创造出新的、鲜明的景观，以激起人们对整个城市的想象。[14]

2. 城市景观设计的基本原则

（1）人本原则

人是城市景观体验的主体，城市景观规划和设计理所当然应为人服务，满足人的活动需求，创造舒适宜人的空间环境。各项设施、设备应该在符合人性化尺度的基础上，提供适宜的设施和设备，同时兼顾美观，提高环境的视觉美效应。

（2）生态原则

生态设计是指人与生态过程相互协调，对环境的影响维持最小化的设计形式。景观与城市的生态设计反映了人类的新的美学观与价值观，达到了一个新的认知高度，人类需要与自然和谐相处。人类在经历了农业时代对大自然的敬畏和崇拜、工业时代凌驾于自然之上对自然界肆意开发和剥夺之后，不断遭到来自大自然的报复。到了现代的后工业时代，人们开始重新审视人与自然

---

[10] 同注释 9。

[11] 同注释 9。

[12] 同注释 9。

[13] 同注释 9。

[14] 同注释 9。

小贴士

Q：城市景观设计的总目标是什么？

A：以满足人类对于优美生存环境的需求为宗旨，通过有效的形态空间组织手段，保护、恢复、营造、管理人与自然和谐共生的自然环境、人文环境、人居环境。

029

Chapter 1 景观设计学与景观设计的概念　Chapter 2 景观设计的内容与尺度　Chapter 3 景观设计的思维建构　Chapter 4 城市景观设计的方法　Chapter 5 城市景观设计的表达　Chapter 6 城市类型景观设计概要

的关系，把人视为自然生态系统的一部分，真正建立人与自然和谐友爱的关系。因此，我们的城市景观规划和设计要遵循生态原则。

（3）景观特色原则

面对我国城市"千城一面"等问题，这个原则显得尤为重要。挖掘城市的文化内涵、城市的景观特色，需要我们的城市设计者、城市管理者、城市建设者共同努力。

（4）美学原则

城市景观规划与设计要按照美学的原则来组织景观各要素，城市的平面布局应清晰明了。各类景观节点的安排要和谐且有序，对形体、色彩、质感的处理应多样而统一，给人以视觉上的享受和心理上的愉悦（图30）。

3. 景观设计师的任务

在空间设计体系里，设计师根据所承担的任务内容性质划分，有建筑设计师、室内设计师、风景园林设计师、城市规划师之分。景观设计师是从事景观设计的技术人员，包括设计负责人、方案设计师和施工图设计师。

设计负责人主要负责控制项目设计的进度，与委托方的沟通，协调具体的方案，组织施工图设计人员工作，同时要负责项目设计不能违反国家、地方建设管理法规，把握好设计的质量，与施工方配合做好现场工作。

方案设计师主要负责项目的方案。方案的成败是项目成败的关键，方案设计师应充分做好前期资料收集工作，对现场进行查勘，掌握好现场条件和设计技术要点。方案设计师应该有深厚的人文、心理、资源、生态、工学方面的知识，在方案设计阶段贯彻委托方要求，合理安排功能布局、景观结构、游线交通，

❸❶ 美国芝加哥千禧公园结合数字媒体的喷泉。

30

合理布置景物和人的各项活动。方案的风格应该明确,且经过甲方认可,具有很好的施工可行性,尽可能做到节约工程成本。

施工图设计师是在方案经过委托方和主管方认可后,对其进行深入、细化,制作的施工图是后期施工的基础,也是工程预算、结算的基础。施工图设计师必须理解方案的特点,对具体的铺装样式和做法、地形标高、绿化植被、景观构筑物、结构、给排水、照明用电系统进行详细设计,达到指导施工的要求。施工图设计师必须充分理解市场上常用的景观工程材料的种类、特性、规格、做法、造价,并在设计时熟练运用。对绿化植被的规格、种植、效果、养护也必须有深入的了解。

无论是设计负责人、方案设计师,还是施工图设计师,在设计时都必须做到与委托方及时沟通,各个工种之间无缝协调,深入了解国家行业工程规范,做到安全、合理、经济、美观的统一。

拓展阅读

风景园林三元论

⊙ 课堂思考

1. 简述景观设计的尺度分类。
2. 简述刘滨谊教授对景观层次的划分并举例说明。
3. 简述城市景观设计的基本原则。

Chapter 3
景观设计的思维建构

🔍 **学习目标**

学习景观设计的思维建构,理性思维、感性思维、互动思维、多元思维等,思维先行,为设计的方法展开找寻到切实可行的思路。

🔍 **学习重点**

了解景观设计的思维模式,学习感性思维、理性思维、互动思维等的运用原理。网络信息时代,单一的思维模式难以应对复杂的设计现象,综合的多元思维才能满足对设计的要求。

景观设计创作过程中会受到多方位创作理论的冲击。设计者和使用者都过度关注于物质设计的本身,即创作的客体和结果,而忽略了创作主体才是潜在的、难以驾驭的最重要因素,因而从内在审视的角度来探讨创作主体的思维就具有了研究意义。

简单地理解,设计思维是一种复合型思维,具有理性和感性交织的特征,设计的目标使得环境的分析与认知过程具有理性特征,而景观作为美的创造,其形态包含的空间、意境又具有鲜明的感性特征。

对于设计主体来说,设计思维的深度与广度主要依托设计师的实践经验,是个人长期积累和创造的结果;同时也与个人的直觉、灵感、洞察力、价值观和心智模式等紧密相关。

景观设计过程是系统性的高复杂度的思维活动,它运用自然、人文、工程、技术等综合知识、技巧解决环境与空间问题,同时创造出新的空间秩序与意义,是一种高级的创造性活动。[15]

本章尝试从思维建构入手,建立起比较清晰的思维脉络,探究是否存在一种思维的理论指导,帮助我们在纷繁复杂的设计过程中建立一套思维的框架。理性思维、感性思维、互动思维、多元思维,无论其以理性还是感性为支撑,皆可找到不同的切入点,为设计的方法展开找寻到切实可行的路径。

按照常规的理解,景观设计关联的思维方法包括了逻辑思维(运筹、分析、综合、推理、演绎等各种逻辑方法)与形象思维(运用体验、经验及灵感等直

[15] 成玉宁. 现代景观设计理论与方法 [M]. 南京: 东南大学出版社, 2010.

接对感觉信息的处理）两大方面，从而区别于以逻辑思维为主的工程设计及以形象思维为主的艺术创作。

人类的个体思维从不成熟经历了一个漫长的发展过程才到达成熟。五个阶段是进阶性的，包括言语前思维、直觉行动思维、具体形象思维、形式逻辑思维和辩证逻辑思维。思维的发展各阶段是简单到复杂，低级到高级，具象到抽象，螺旋式上升、波浪式前进的过程（表2）。

表 2 思维的发展过程及特点

思维的各阶段	思维特点
言语前思维	认识到事物之间的简单联系，并做出相应的动作反应，思维开始萌芽。
直觉行动思维	通过直接感知实物，在实际动作过程中展开思维活动。
具体形象思维	个体进行思维活动的支柱是表象，借助于表象，展开联想和想象活动，头脑中积累的表象越丰富、越生动，则想象和思维越活跃。突出特点是具体性和形象性。
形式逻辑思维	个体进行思维活动的支柱是概念，通过分析、综合、比较、抽象、概括的思维过程获得概念。借助于概念，对概念和概念之间的联系和关系进行逻辑的判断和推理。特点是反映客观现实相对稳定的方面。
辩证逻辑思维	思维活动的支柱是辩证概念。个体借助于辩证概念的支持，按照辩证逻辑思维的规律展开思维活动。特点是反映客观现实的不断变化的方面。

可见，当主体不断完善自身的成长和学识之后，思维的广度和深度都逐渐加强，而通过思维的多向运作，思维也可以变得越来越复杂与体系化。对一个项目的把握，小尺度的景观设计，由于涉及的条件、要求等相对简单，其设计思维趋向于简单、简略；而对复杂的大型工程和中、大尺度的景观设计来说，设计思维必须具备相应的复杂程度，并且在其中还需要有积极的应变等智能效应，如此，对于创造性的设计来说，思维才能真正达到凌驾于方法之上，为设计开辟一条独特的创造之路。

而当我们真正开始设计的时候，我们采用的构思与方法都可以找到相对应的思维类型，这一类型有可能是常规的，有可能是反常的，即所谓正向与逆向思维。常规的设计思维有多种分法，理性与感性、抽象与直观是最常见的分类。思维不仅有它的具体内容，而且也有一定的构成形式、结构（表3）。

我们可以比较一下建筑设计与艺术创作思维上的不同。建筑设计的设计行为是受到思维活动支配的。从设计一开始，设计师就要对名目繁多的与设计

033

Chapter 1 景观设计学与景观设计的概念　Chapter 2 景观设计的内容与尺度　Chapter 3 景观设计的思维建构　Chapter 4 城市景观设计的方法　Chapter 5 城市景观设计的表达　Chapter 6 城市类型景观设计概要

表3 思维的类型

分析角度	思维类型
表述角度	形象思维、逻辑思维
哲学角度	具体思维、抽象思维
认识角度	抽象思维、形象思维、知觉思维、灵感思维
主动性、创造性角度	习惯性思维、创造性思维
常理性角度	正常思维、反常思维
进程角度	循常思维、顿发思维
方位角度	纵向思维、横向思维
目标角度	发散思维、收敛思维
过程角度	显思维、潜思维
维度角度	单向思维、多项思维
变化角度	动态思维、静态思维
数量角度	个体思维、群体思维

有关联的因素，如建造目的、空间要求、环境特征、物质条件等，分门别类地进行考察，找出其中的相互关系及各自对设计的规定；然后采取一定的方法和手段，用设计语汇将诸因素表述为统一的有机整体。这种思维过程有很强的逻辑性，可以概括为部分（因素）到整体（结果）的过程，这就是设计方法所应遵循的特定思维程序。在这种思维程序中，部分与整体的关系表现为部分是整体的基本内容，隶属于整体之中，整体是部分发展和组合的结果。

就手段而言，它是依赖思维器官（大脑）的大量信息储存和经验知识，按一定结构形式进行各种信息交流的思维方法，即使在现代科学高度发展的今天，在计算机辅助设计日趋普及的背景下，也没有别的手段能够替代。

而艺术创作运用的艺术思维是形象思维的最高层次，是以艺术创作为目的的自觉形象思维。从有意识的艺术观察开始，经过艺术想象、虚构直到艺术表现，完整的艺术思维的每个心理环节都是紧紧围绕创作的最终目的——塑造艺术形象、产生艺术作品而有序地上演。

无论是前者还是后者，对于思维的运用都是其最终的设计产生的必经之路，道路选择的好坏与正确与否都将关系到设计的优劣。在开始设计与创作之前，花一些时间研究一下思维的模式是必要的，设计师获得的不仅仅是事半功倍的成效递增，还有可能是彻头彻尾的革新。思维才是决定性的根源，而不是方法本身。

一、设计的思维模式

西方人偏重于理性思维，而中国人属于感性思维。这样的思维模式就造就了西方人"重物""唯我独尊"的思维方式和中国人"重情""家国天下"的思维模式。

中国文化受到儒家思想和佛教文化的影响深远，这种文化表现为注重道德力量，注重个人修养，注重与他人、自然的和谐相处，反对武力，追求精神的超脱，以"仁"和"孝"为社会架构的核心。西方文化，其思想基础源于欧洲文艺复兴时的人本主义思想，源头则是古希腊罗马文化，受基督教影响深远，这种文化看重个人的自由和权利，勇于探索，注重实践，富于冒险；注重对自然的探索和求证，从物质层面去考量生命的本源，在社会组织中，以"权利和法制"为其社会架构的内核。[16]

通过这一点，我们不难理解中国的古典园林和西方古典园林为何会有如此大的不同。当我们还醉心于砌筑高墙、摹移山水并自得其乐的时候，西方早已将景观设计的视野放到更广阔的领域并积极开拓领地。思维的模式在制约了设计的广度与深度的同时，也限制了形式生成等方面。

1. 线性与跳跃

线性思维是按照正常的思维方式循序渐进、不断推进的设计思维，它通常是经常性的思维过程。与它相对应的就是跳跃思维，当线性思维走入一种僵硬的模式，并且无益于创造性时，跳跃思维可以跨越一些阶段，将思维引入新的机制中。大多数的设计仍然步线性思维方式的后尘，导致两面性的存在，一是设计按照线性思路易于推进与成形，二是缺乏创新（图31）。对于当前景观设计平庸化的批判，也许线性的思维模式逃不出始作俑者的嫌疑，但是我们仍然希望在事物正常进行的状态下，看到对创新设计的探索和思考。跳跃思维作为线性思维的弥补，可以提供富有新意的想象。

2. 顺向与逆向

逆向思维是设计思维的创新手段，它通常是针对惯性的顺向思维反向思维，它同时也是带有质疑性的思维。当殚精竭虑、百思不得其解的时候，从逆事物的过程、结果、条件和位置等进行思考，人常常会茅塞顿开，收到意想不

---

[16] 白庆祥，李宇红. 文化创意学 [M]. 北京：中国经济出版社，2010.

035

Chapter 1 景观设计学与景观设计的概念

Chapter 2 景观设计的内容与尺度

Chapter 3 景观设计的思维建构

Chapter 4 城市景观设计的方法

Chapter 5 城市景观设计的表达

Chapter 6 城市类型景观设计概要

到的结果。我们见惯了中式的亭子，思维中对亭子的形态具备了柱子与顶盖的特征，而当面对参数化手段建造的亭子时（图32），难免会大跌眼镜。顺向的思维帮助我们学会如何设计的同时，也限制了我们的思维模式。逆向思维则是一种带有批判精神的挑战，往往将事物推向了完全的反面，也许这正是新的机遇。

3. 转换与位移

常规的思维可以通过对性质的转换加以打破，也就是不相信事物的特点只能有单一的解释和常规的定义。思维的认识呈现出对事物性质进行自觉转换的特性。而位移思维则是指超出自我的局限，站在对象的位置上来考虑问题。我们会面临不同的消费对象、不同的受众，他们对问题的看法成为重要的设计依据。图33是设计竞赛中选手对香港的城市设计的构想，将常规的平面绿化植栽设计调整为立体的建筑形式。

4. 发散和整合

发散就是指思维朝不同的角度与方向扩散，是由美国心理学家吉尔福特在1950年的一次关于创造力的讲演中提出来的。发散的重要意义在于能够提出更多的解决方案和设想、更多的创意和构思；而整合则是通过分析比较，从中找出最好的解决方案。发散的思维呈现出独创性、灵活性、变通性、流畅性的特点，我们可以从功能、结构、形态、方法、组合等方面展开发散思维。

图34里巨大的商务人士剪影成为景观中的"景框"，我们可以从中见到发散思维的创造性。

㉛ 司空见惯的广场设计形态延续了线性思维的模式。

㉜ 参数化手段创造的亭子形态。

㉝ 对于香港的城市设计构想——芳香的丛林（Perfumed Jungle）。

㉞ 放大的人物剪影成为了框景。

㉟ MAD工作室为北海设计的综合建筑——"假山"建筑群。

㊱ 南京火车站站前广场，景观形态的设计考虑更多的是理性的综合。

5. 立体和复合

立体和复合思维方式是驰骋于整体空间的思维模式。由于客观事物都是一个有机统一的整体系统，因而它具有多成分、多层次的特点。立体和复合思维方式的关键是确立对象之后，思维需要从客观属性中全面、综合、整体地思考，是把整体性事物内在的各个要素以及它们之间错综复杂的关系网清晰地呈现出来。立体和复合思维集线型思维和平面型思维的优点和长处于一身，扩宽了思维活动范围。如图35的"假山"建筑群体现了立体性的思维方式，将多重复杂的设计要求与建

037

Chapter 1 景观设计学与景观设计的概念　Chapter 2 景观设计的内容与尺度　Chapter 3 景观设计的思维建构　Chapter 4 城市景观设计的方法　Chapter 5 城市景观设计的表达　Chapter 6 城市类型景观设计概要

34

35

36

筑形态相结合,而顶部的曲线又为屋顶花园提供了更多的空间。

6. 分析与综合

　　设计过程表达有分析、综合和评价三个阶段,主张该模式的学者认为真正理性和客观的设计方法应该体现一切从零开始的原则,一方面坚决摒除经验和主观因素,一方面采取严格的分析方法和评价方法。"分析与综合"的思维模式体现了对理性、客观性的重视。在综合性的公众项目的设计中,我们对于形态的态度需要纳入分析与综合的思维中,接受理性的制约,体现客观的需要,艺术性与创造性要服从理性的分析和综合。如图36,南京火车站站前广场的形态,看似设计了大量硬地空间,极少的景观元素与空旷的广场,实则上是对人流、疏散等各方面问题的综合,是对客观理性的现实条件的一种抉择。

7. 假设与验证

　　一个人提出新想法,该想法是如何产生的,这是心理学问题;而如何检验这个新想法却是逻辑学问题。"假设与验证"模式与"分析与综合"模式的主要区别是前者明确了设计的实质就是提出想法,但它仍然没有和形态发生关系。根据现代认知心理学对人类思维活动的研究,可将景观形态的生成过程视为对设计原材料的信息加工过程,并由此归纳出形态生成的过程模型,即形态的生成经历了建构、赋形和具体化三个思维发展阶段,以及贯穿于整个过程、起联结转换作用的假设和验证的交流机制。

二、感性思维

1. 感性思维的阐释

　　"我们身处于艺术的领域中,并且我们也应该对此毫不犹豫。我们正在追求的是景观中的一种诗意感知,一种崇高的精神鼓舞……当人们游走于我们为他们营造的景观环境时,这种鼓舞将丰富人们的生活。如果做不到这些便是对人们的欺骗,同时也是欺骗我们自己。"——劳伦斯·哈普林[17]

　　亚里士多德是柏拉图最著名的学生,在这个问题上,他与他

[17] [美]沃克·西莫.看不见的花园——探寻美国景观的现代主义[M].王健,王向荣,译.北京:中国建筑工业出版社,2008.

的老师却有不同的观点。亚里士多德认为，人有某种神秘的精神力量，这与灵性的存在有关。他认为，对所有生命而言，灵性是最为重要的一种力量，是它滋养了生命的生长与繁衍。敏感的灵性感受到了情绪、感觉以及记忆的存在。当"理性的灵性"开始思考、判断以及推理时，这就是思想。

认识起源于客观存在，来源于客观存在。存在又决定了人们的意识。感性思维的职能就是现象认识。现象需要通过感性思维才能成为现象认识，才形成信息情报、事实资料。感性思维所认识的只是客观事物表面现象，即声、光媒介物传递到感官在人脑中的映象，并非客观事物本身或本来面目，可以说，我们所见到的只是事物外表或片段。共同形状之物有许多种，如方形印象之物就有多种，带有随机性。因此，"所见非所得"，人们的认识虽然起源于客观存在，但认识只是其表面，这是感性思维或者是现象认识缺陷之所在。感性与现象是从主客观不同角度来描述认识的最初阶段。

感性思维是认识的最初阶段，一般认为，人们对客观世界的认识是由感性上升到理性的。而这里提出的"感性思维建构"的观点，就是从人的认识本源出发，捕捉最初的、最直接的、最易于识别的、最单纯的一种视觉印象。这种说法有些近似中国古代先哲的某些观点：回到本源去观察世界，去认知世界，去改造世界。

常规的认识往往将感性划归为一种相对虚无缥缈的状态，对于设计来说，尤其对于介乎技术与艺术之间的景观专业来说，在初始阶段，感性似乎应该是被排斥的，或者至少不应该作为设计的出发点。在这里不必叫嚣感性的重要性，不必争论孰是孰非，仅仅是探寻一种从感性出发的，本能与直觉的设计方法。

如果说理性思维是为了使设计具有科学的佐证与功能的依据，感性思维则是从人的认识本源出发，捕捉最初的、最直接的、最单纯的一种具象认知。

2. 从感性思维出发的景观设计

景观设计中基于视觉部分的形态，不可否认，富于艺术特征的设计形态是复杂的感性心理活动的结果，而不可能始于理性心理活动。

感性与理性思维并不存在孰是孰非的对立问题，不同的切入点会产生不同的效应。设计师应学会如何在适当的阶段与适宜的方面运用不同的思维，使之获得问题的解决与创造性的发挥。对于景观形态的建构，感性思维应该转化世俗认识中对其虚无缥缈的定位，在设计之始努力做出更多的创造。

基于感性思维出发的景观案例并不少见，如枡野俊明的作品——金属材料技术研究所中庭"风磨白练的庭"，是在日本庭园传统艺术与手法的基础上，表达出自然、感性形态与气质的作品。不同尺度规格的置石，表现出坚韧不拔的进取精神，用洁白的置石寓意专一和全身心的投入。无论从平面构图，还是在细部处理上，它都有感性、自由的艺术性特征（图37）。

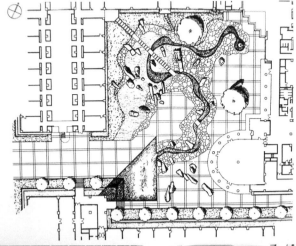

❸❼ 金属材料技术研究所中庭"风磨白练的庭"。

❸❽ 美国明尼阿波利斯联邦法院广场景观。

039

Chapter 1 景观设计学与景观设计的概念

Chapter 2 景观设计的内容与尺度

Chapter 3 景观设计的思维建构

Chapter 4 城市景观设计的方法

Chapter 5 城市景观设计的表达

Chapter 6 城市类型景观设计概要

感性设计可以为城市注入情感与历史，比如美国明尼阿波利斯联邦法院广场的设计，灵感来源于冰丘地形，广场上的绿色山丘建筑中心轴线呈30度角，提供路人跳跃的视觉感受，那些山丘试图唤起人们对地质和文化形态的回忆，也暗示了冰河时代的山丘，感性思维元素的引入为有限的空间创造了无限联想的可能（图38）。

三、理性思维

1. 理性思维的阐释

"思想是什么？"许多伟大的先哲都曾经努力回答过这个问题。柏拉图认为，思想是人的一种天赋能力。它独立于作为物质存在的人的躯体。人的感官，例如视觉、触觉和听觉，常常会欺骗自己，只有通过理性，我们才可能获得对事物的真正理解和认识。理性是思想的根本。

对于柏拉图而言，理性是一种工具，它的意义在于帮助我们把感觉和经验融合为我们对事物进行综合分析、归纳过程中的素材，从而帮助我们理解周围的世界。理性是西方传统哲学的主要精神。它源于古希腊哲学，直接孕育于前苏格拉底哲学的"本原论"之中。毕达哥拉斯把"数"看作宇宙本原，开辟了一条由抽象原则说明感性经验的理性之路。

理性思维的职能是客观事物的本质认识，从理性角度建构景观的思维就具有了客观与事实的特征（图39、图40）。

在设计构思之初，选择理性还是感性的思考方式，没有一个标准的解题方式。但是，我们需要明了，在很多客观情况下，以理性的思维方式来进行设计思考具有一定的必然性。

理性的思维并不是排斥或否认感性与创造性的思维，设计创意应该首先通过理性选择的检查，才能保障无损于人类的利益，而不仅仅是所谓作者个人的灵感爆发。理性的思维更易于为最终的设计评价提供参数化的评判标准，增加景观审批和管理的透明度；最大限度地减少决策的盲目性、随意性，减少失误。[18]

[18] 刘谯. 景观形态之互动建构思维 [J]. 城市建筑, 2017: 11.

2. 从理性思维出发的景观设计

作为理性设计，人们通常都会想到比较常规的几何图形、规矩的图案。日本设计师藤本壮介设计的蛇形画廊（图41）就是典型案例，设计运用几何网格，创建出了一个柔和通透的建筑氛围。组成亭子的构件是无数白色钢柱，层层叠叠、蜿蜒迂回。

虽然只有简单的几何样式，但是它们经过不同的叠加组合，也会产生不同的视觉效果。如澳大利亚的帕丁顿水库花园项目中用的钢筋混凝土柱础、木柱、砖及金属的组合拱，像仓库一样的空间非常简单。但是当你将它作为空

❸❾ 卡拉特拉瓦设计的巴塞罗那聚光塔，充满理性思维的力的假设与形态特异。

❹⓿ 卡拉特拉瓦设计的密尔沃基美术馆，充满理性的设计思维。

❹❶ 藤本壮介设计的蛇形画廊。

041

Chapter 1 景观设计学与景观设计的概念

Chapter 2 景观设计的内容与尺度

Chapter 3 景观设计的思维建构

Chapter 4 城市景观设计的方法

Chapter 5 城市景观设计的表达

Chapter 6 城市类型景观设计概要

间，而不是当作功能性房间进行体验的时候，它的空间产生出巨大的魅力。遗址公园的设计将这种魅力得以保存，并将原始结构构造隐约呈现。建筑师还很好地利用了标高的关系，用坡道及楼梯两种方式将人引到低标高处，使低标高上的院子给人一种易接近的感觉，提高了遗址层的可达性。遗址层上设置了一个花园，花园没有顶，直接向城市展示，这样进一步提高了遗址层的公共感及开放性（图42）。

洛杉矶国际机场入口标志塔设计采用了动力学的灯光装置，纳入了26个大型的半透明玻璃塔，一座塔楼延伸至世纪大道，15座塔位于洛杉矶国际机场的交叉入口，所有塔都可同步用计算机来调试照明，进行活动。理性的设计往往会更直观地解决人们的实际问题（图43）。

❷ 帕丁顿水库花园。

❸ 洛杉矶国际机场入口标志塔。

四、互动思维

1. 互动思维是两种思维模式的互动建构

科学思维是对本质方面进行单方面的概念加工，遵循共性理智逻辑，力图达到客观事物的科学认识。艺术思维是对现象和本质两方面进行的双重加工，加工的重点在感性形式上，遵循的是个性的情感逻辑。[19]

前文已经说过，拥有思想，或者更确切地说，创造思想是一个与创造力和直觉紧密联系的过程。构思（思

小贴士

Q：互动思维是如何运作的？

A：互动思维的理念体现着动态的交互方式，它不同于线性思维或逆向思维，是一种非线性的往复交替的思维模式。往复会带来出其不意的结果，如同齿轮的互动会产生源源不断的推力。

[19] 沐小虎. 建筑创作中的艺术思维 [M]. 上海: 同济大学出版社, 1996.

维）是设计的一个基本组成部分，特别当要形成新的设计思路的时候，构思具有很大的难度。

互动思维并不取代理性思维或者感性思维，而是对它们进行补充。绝对的理性思维或者绝对的感性思维在现实设计中几乎是不存在的。只有同时运用这两种思维方法，才有可能应对多变的设计要求并形成新的思想。垂直思维的逻辑性使思维过程具有清晰的"连续的步骤"，每一个步骤都决定下一个步骤。[20]这样，就能把注意力集中到当前唯一的思维阶段，从而使思维具有线性特征。这里的线性并非简单的、单一的、机械的线性推进的思维方式，而是强调其前后的逻辑性（图44）。

互动思维的观察方式是整体的，这种思维是在一个网状结构的内部跳跃性进行的，每一次跳跃都是在试图建立理性与感性之间的联系。理性思维在前，为感性思维做好必要的准备与严谨的规定，感性思维在此基础上才可以"有的放矢地进行创造"；感性思维在前，为理性的加工做好灵感的创造，为设计开启一扇灵性之门，而理性紧随其后，适时地将灵感归纳整理，以适应技术与艺术并重的景观设计的要求。

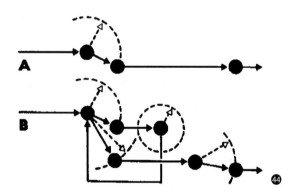

❹（A）简单的线性思维；（B）复杂的线性思维。

❹❺ "十面锣鼓"互动景观设计。

❹❻ 美国新泽西州 Tahari 庭院设计。

043

Chapter 1 景观设计学与景观设计的概念

Chapter 2 景观设计的内容与尺度

Chapter 3 景观设计的思维建构

Chapter 4 城市景观设计的方法

Chapter 5 城市景观设计的表达

Chapter 6 城市类型景观设计概要

2. 互动与多元思维

比互动思维更开阔的设计思维是多元思维，需要新观念、新组合，各种设计思维互为影响、互为交叉，呈现出动态的、多元的设计风格和样式。尤其是网络信息时代，单一的思维模式难以应对复杂的设计现象，综合的多元思维才能满足设计对思维的要求。

图45所展示的景观小品取自传统文化中的"锣鼓"，设计主题为"十面锣鼓"，既是视觉景观，也成为可坐、可游玩的互动型景观；既是非遗文化的传承，又是景观设计中趣味性的体现。项目运用多维度的理念以创作出更加多元化的景观。

采用多维的思维方式，介入互动的设计手法，会产生形式更加多样的空间形式。如美国新泽西州Tahari庭院设计，项目中两个新的庭院空间，创造了一个融入光、空气和自然元素的办公室和仓库。庭院的走廊分隔开空间，同时作为一个连续的景观设计，花园的边缘大部分是透明的，使人们能够将自然元素深入办公空间内。室内外的空间在同一次元相互转换，与周围的人与物适时地发生联系（图46）。

彼得·埃森曼设计的欧洲被屠杀犹太人纪念碑是用空间表现概念的例子。方案约有2700个混凝土柱均布在基地上，柱宽与间距均为95cm，高低各不相同。这个看似理性的网格中存在着不确定的动感和无中心的混乱，看似稳定的结构又显示出随机和差异。方案显示了从一个显然稳定的系统中寻求本质不稳定性的过程，每一个柱体都取决于柱阵网格和柏林城市网格交错的关系，这种不规则性的叠加和网络结构的变异导致了原本规则网格中模糊空间的出现，使这一网格具有多向性。在这个纪念空间中，没有目的，没有终点，没有中心，人的体验是对无边际的网格系统的非线性体验。纪念碑林空间暗示了当一个应当理性且有秩序的系统扩张得过于巨大，且超过其原有设想的目标尺度时，所有拥有封闭秩序的封闭系统都必将瓦解（图47）。

❹ 欧洲被屠杀犹太人纪念碑。

拓展阅读
景观形态之理性建构思维

🔍 **课堂思考**

1. 理性思维和感性思维赋予景观设计的不同意义是什么？
2. 试着针对一个具体的景观设计案例，说明互动性思维是如何运作的。

Chapter 4
城市景观设计的方法

🔍 **学习目标**

学习城市景观的设计方法,了解景观设计的正确程序。景观设计方法的循序渐进能帮助学习者达到步步深入的目的,借助于正确的设计方法从任务书开始逻辑性地展开设计,直至设计完成。

🔍 **学习重点**

设计程序大致可分为五个阶段:发展计划书、现况陈述及分析、基本概念设计、发展设计、定案细部设计。具体的设计方法从概念设计开始,进而是功能关系分析,然后进入平面规划、竖向设计,最后进行整合设计。

一、设计程序

1. 任务书信息解读

在开始景观设计时,我们首先会接触到任务书,任务书指明了需要设计的项目位置、设计内容等。设计任务书以文字和图形的方式给设计者提出了明确的设计目标和要求,例如对环境的功能要求、面积等技术性指标和设计参数、基地环境条件等(图48)。设计之初,设计师需要对所给的信息进行分类,区分主次,从而深入了解设计要求和任务书提供的信息。

任务书在开始通常对项目进行概述,即景观方案设计的建设背景、项目名称、性质、规模等。在任务书结尾处,有关图纸要求的深度和表达也会随之列出,如最终设计成果、提交的设计成果的深度等。

设计师阅读任务书之后应当把握整体,从中整理出各种主要的功能关系,分清主次,在进入设计具体阶段时综合各条件理清思路;思考的同时也要仔细研究题目给出的图面内容。因为很多限定条件是通过图面的方式传达给应试者的,如环境基地中的红线范围、周边道路、基地周围环境等,均是由条件图的形式给定的(图49)。

设计任务书的某些部分会对设计产生决定性影响,需要特别关注。如建设项目当地的气候、朝向、基地的情况与周边环境,一定要在阅读文字的同时参照地形图,在脑中迅速建立起用地的区位与周边环境要素的空间概念以及与基地的关系,例如平地、坡地还是台地,相邻四面各是何种条件,这些又会对设计带来哪些限制条件,哪些条件又能够转化成为有利因素等。

❹ 设计任务书提出的设计区域位置图。

❹ 设计任务书提供的基地平面图。

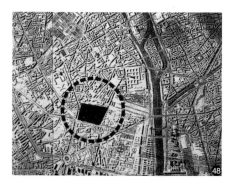

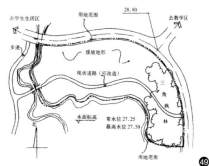

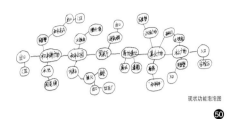

现状功能泡泡图

❺⓿

❺①

每一块基地，不管是自然的还是人造的，都或多或少具有自己的独特性，这既给设计提供了成功的机会，也带来了诸多限定条件。从基地的特点出发进行设计，基地调查与分析是必不可少的环节，尽量做好踏勘。尽可能地从任务书与基地图纸中解读每一处信息是开展设计的基础。

● 自然条件：应考虑的因素有地形、地势、方位、风向、湿度、土壤、雨量、温度、风力、日照、基地面积等。

● 环境条件：应考虑的因素有基地日照、周围景观、建筑造型、给排水、通风效果、空间距离、路径动线、维护管理等内容。任何一个设计都不可能脱离环境独立存在，基地环境是景观设计的制约因素，在设计中应着重从以下方面进行分析考虑。

（1）地理环境：不同的地理环境（如南北方差异）可以影响方案的平面组合形式。

（2）区位环境：指基地周边的已有建筑、城市设施（文物、绿地小品和城市景观等等）的现状。对这些因素必须在总体布局和总平面设计阶段中就给予考虑，才能保证方案的整体性与合理性。

（3）交通环境：指对与基地相邻的城市道路的分析。对外交通联系是景观设计的重要设计内容，只有经过对基地周边城市道路情况的具体分析，包括场地内建筑的集散，进行总平面布局，组织人、车流线，安排动、静态交通，才能保证建筑内部交通与城市交通的合理衔接。

● 人文条件：应考虑的因素有都市、村庄、交通、治安、邮电、法规、经济、教育、娱乐、历史、风俗习惯等。

设计师在分析任务书要求与设计者的理想构思之后，一定要踏勘，记录现状，分析问题，寻找对策；同时整理出一些设计上应达成的目标与设计时应遵循的原则。

将这些整理出的原则一条一条在工作笔记或草稿纸上写出，在设计的过程中始终要关照这些设计原则；也可以用不同颜色的彩色笔在任务书上

❺⓿ 气泡图帮助设计师分析功能配置。

❺① 气泡图帮助设计师分析各项信息，以得出下一步的设计概念。

❺② 气泡图（框图）把相关的大小、空间和功能以及其他决定因素彼此相连，使设计师能很快地分析和评估交通联系。

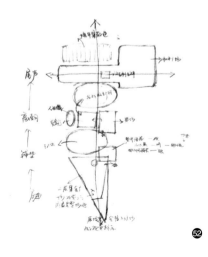

❺②

047

Chapter 1 景观设计学与景观设计的概念

Chapter 2 景观设计的内容与尺度

Chapter 3 景观设计的思维建构

Chapter 4 城市景观设计的方法

Chapter 5 城市景观设计的表达

Chapter 6 城市类型景观设计概要

进行某种主要的分类标记,或借用"气泡图"或者"功能框图"表示出各个功能块的内在关系(图50—52)。

2. 设计程序与绘图语言

设计程序,大致可分为五个阶段,在每一阶段中,绘图成果都是将构想或资料加以记录、具体化的结果。这些成图由最简单的速写到最细部的构造大样图均包括在内,然而它们均有一共同性质——都是体现设计的直观的画面,并且是尚不存在的景观的详细而具体的表现。

通常,我们在做设计时,经历的五个主要的设计程序及其对应的绘图成果之间的关系如下所示(表4):

表4 设计程序对应的设计成果

设计程序	绘图成果
发展计划书	计划书
现况陈述及分析	基地分析图
基本概念设计	配置概念及构想速写
发展设计	设计图面表现
定案细部设计	施工图及相关文书

事实上,设计程序中常有一些不规则性,视个案的大小而定。可能某一程序会不断被重复或省略。有时,程序间并不一定有那么清楚的阶段关系。然而,在整个设计程序中却必须有明确的逻辑性。

(1)现况分析

现况分析这一阶段,景观设计专注于考察基地的实质特性资料,如一块基地或建筑物尺度、植栽、土壤、气候、排水、视野及其他相关因素。如果计划书中没有列及详细的各项条件,那么则应结合踏勘并从现有的条件出发思考相关联的问题。基地分析是由资料说明及主观的评述所构成,这些资料及分析都是设计的基本准则。

图面特性及表现方法:大部分情况下,它们是精确、清楚且易了解的画面,并且从计划的观点来说明特定基地的现况、限制及发展潜力。有时是在现状的基础之上,有一些发展性的关键词或描述性的话语作为下一步概念设计的拓展(图53—55)。

对小基地而言,现况陈述及分析可用铅笔绘于图纸上,若有需要则可加注解。大基地则需一系列徒手或具体技巧的绘图方式来绘制。它们通常更为精致,并常用叠图,有时上色彩。图面只表达景观面貌概况,无须太精确。在

❸ 现况分析阶段——基地分析图。

❹ 结合甲方提供的平面图结合踏勘得到的现场记录图。

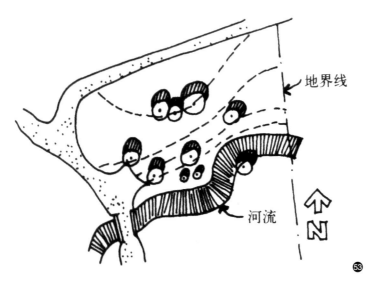

❸

实际设计中，现况分析可以作为分析图而存在，但多数情况下，仅作为自我分析的手段，不出现在正式图纸上。

（2）基本概念设计

基本概念的设计阶段是探讨初期的设计构想和机能关系的阶段。此阶段的图面有时被称为机能示意图、计划概念图或纲要计划图。它们大多是速写或类似速写的图。对小的个案来说，它们通常只是利于设计者自我交谈，一个形成进一步设计构想基础的记录。

图面特性及表现方法：基本概念设计及速写是由写实的、开放的、随意的徒手画开始的。它可能是一系列具创造性的、潦草的、杂乱的示意图。这样的图通常能帮助做决定，发展构想及解决冲突。简易平面式的示意图、简单的剖面图、小的速写，甚至于

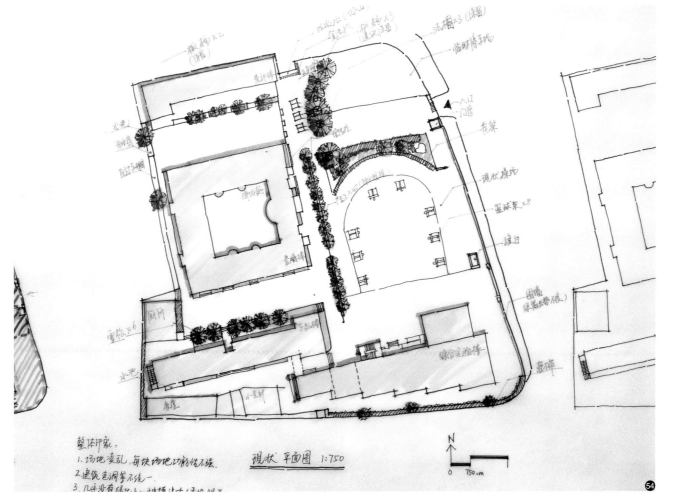

❹

049

Chapter 1　景观设计学与景观设计的概念

Chapter 2　景观设计的内容与尺度

Chapter 3　景观设计的思维建构

Chapter 4　城市景观设计的方法

Chapter 5　城市景观设计的表达

Chapter 6　城市类型景观设计概要

基地分析

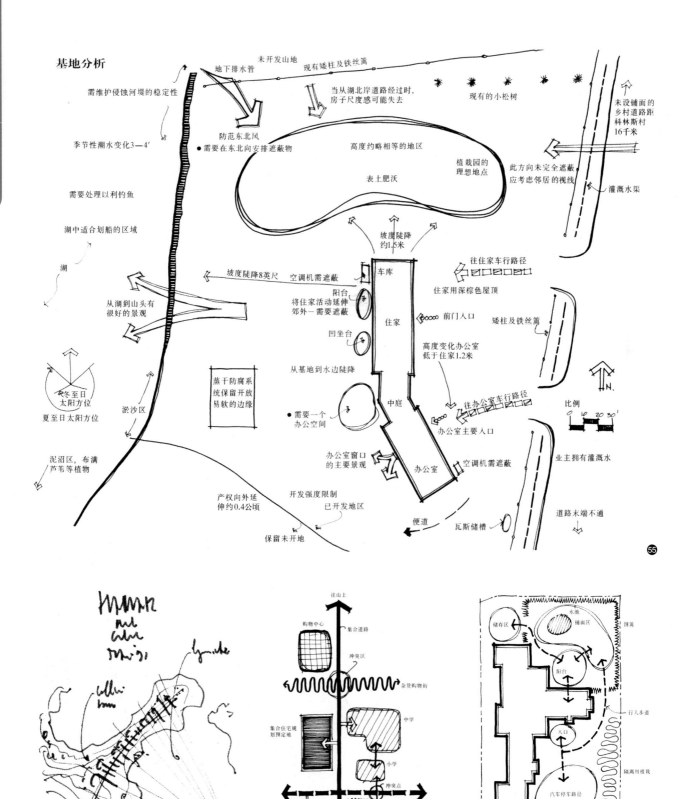

需维护侵蚀河堤的稳定性

地下排水管

未开发山地

现有矮柱及铁丝篱

当从湖北岸道路经过时，房子尺度感可能失去

现有的小松树

未设铺面的乡村道路距科林斯村16千米

季节性潮水变化3—4'

防范东北风

• 需要在东北向安排遮蔽物

高度约略相等的地区

表土肥沃

植栽园的理想地点

此方向未完全遮蔽应考虑邻居的视线

灌溉水渠

需要处理以利钓鱼

湖中适合划船的区域

湖

从湖到山头有很好的景观

坡度陡降约1.5米

坡度陡降8英尺

空调机需遮蔽

车库

阳台

将住家活动延伸郊外—需要遮蔽

凹坐台

住家

往住家车行路径

住家用深棕色屋顶

前门入口

矮柱及铁丝篱

高度变化办公室低于住家1.2米

冬至日太阳方位

夏至日太阳方位

淤沙区

蒸干防腐系统保留开放易软的边缘

从基地到水边陡降

• 需要一个办公空间

中庭

往办公室车行路径

办公室主要入口

比例
0 10 20 30'

N.

业主拥有灌溉水

泥沼区，布满芦苇等植物

办公室窗口的主要景观

办公室

空调机需遮蔽

产权向外延伸约0.4公顷

开发强度限制已开发地区

保留未开地

便道

瓦斯储槽

道路末端不通

55

往山上

购物中心

集合道路

冲突区

杂货购物街

集合住宅规划预定地

中学

小学

表演艺术中心

图书馆

冲突点

社区公园

景观处理

往市中心

56

57

水池

储存区

铺面区

围篱

阳台

入口

行人步道

隔离用植栽

车库

汽车停车路径

公共区域

围篱

58

051

Chapter 1 景观设计学与景观设计的概念　Chapter 2 景观设计的内容与尺度　Chapter 3 景观设计的思维建构　Chapter 4 城市景观设计的方法　Chapter 5 城市景观设计的表达　Chapter 6 城市类型景观设计概要

❺❺ 基地地形地貌与后期可以发展方向的分析。

❺❻ 基本概念设计阶段——配置概念图：皮亚诺设计的努美阿文化中心的区位示意草图。

❺❼ 表示机能关系的配置概念图。

❺❽ 建筑与环境功能分区与流线关系的配置概念图。

❺❾ 场地规划中功能分区与流线关系的配置概念图。

漫画都是比较适合的。在概念图中，设计师可以用泡泡、箭头及其他抽象符号来表达所需的概念（图56—59）。

在比较简单的个案中，用软性铅笔或彩色笔绘于纸上是恰当的表现方法，较复杂的方案则可用马克笔描绘，但两者都需大胆而且活泼。概念图应该画得很快，使构想能够自由地流露，千万不要因为个人过分美化的要求而受到限制（图60—62）。

（3）发展设计

在发展设计这一阶段，明确的构想开始成形。首先，设计师可以徒手速写图画，目的是使使用者对他所提出的解决方法加以评估。其中有些马上被抛弃，有些则需要增加、修改或变化。

正因精确的构想可以统一机能、美学上的要求，所以，进一步发展的图画愈是包括了精确的资料如空间组织、造型、色彩、材料及使用的潜力，愈是有助

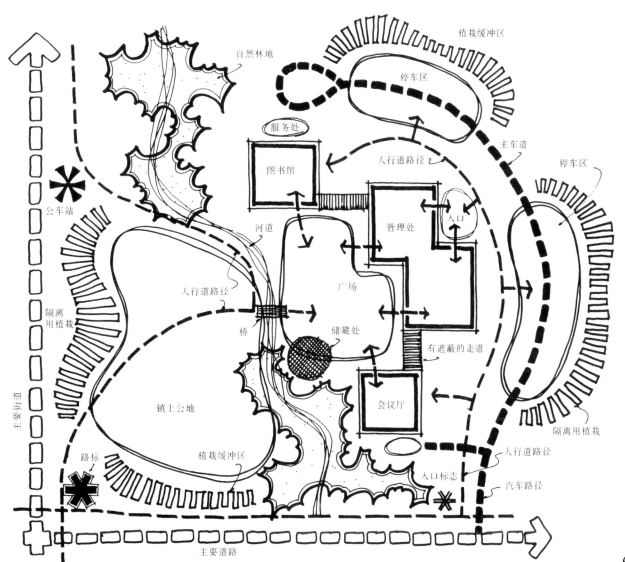

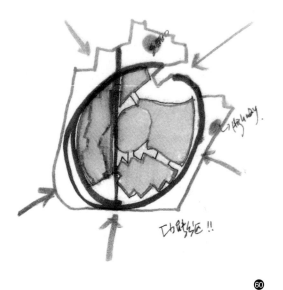

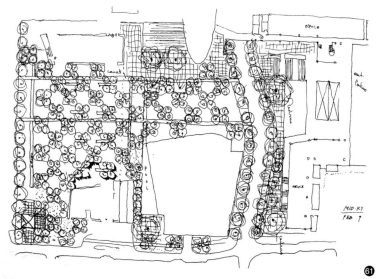

⑥⓪

⑥①

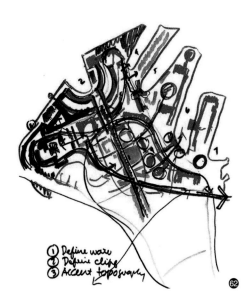

① Define wave
② Define cliff
③ Accent topography

⑥②

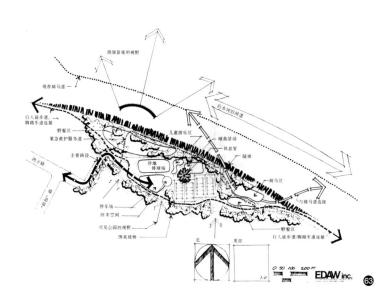

EDAW inc.

⑥③

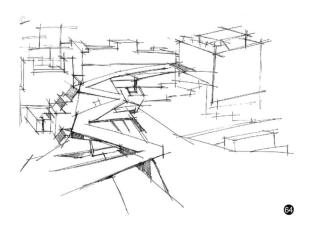

⑥④

⑥⓪ 马克笔随意勾画的功能分区概念图。

⑥① 丹·凯利的构思草图手稿。

⑥② 概念构思草图。

⑥③ 发展设计阶段——结合文字说明、路线、观景视线的平面图（虽然某些局部具体的形态还未明确，但已经包含了平面规划图的基本因素）。

⑥④ 发展设计阶段——表达出比较深入构思的透视草图。

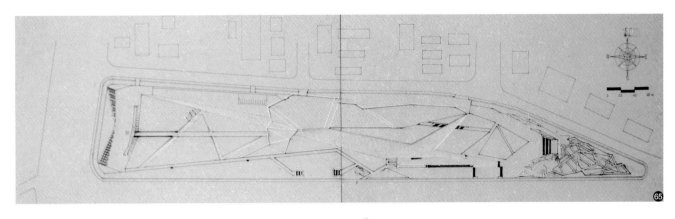

053

Chapter 1 景观设计学与景观设计的概念

Chapter 2 景观设计的内容与尺度

Chapter 3 景观设计的思维建构

Chapter 4 城市景观设计的方法

Chapter 5 城市景观设计的表达

Chapter 6 城市类型景观设计概要

65 发展设计阶段——推敲方案过程中的工作模型。

66 此图是图67基地的概念配置图。

67 此图是在图66概念配置基础上发展设计的场地平面规划图。

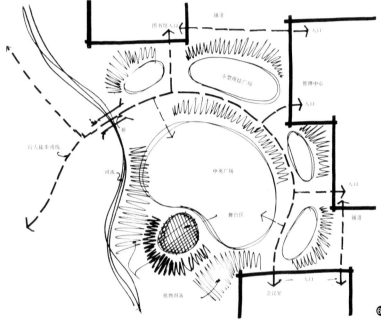

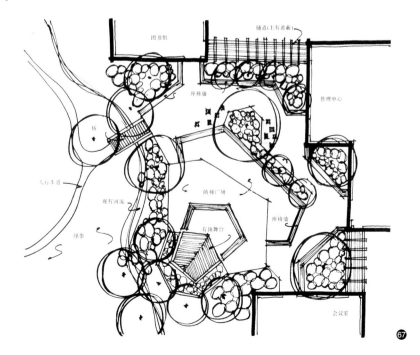

于转变成正式表现的图面。

图面特性及表现方法：需要表现出明确的形状、材料及空间，便于设计的深入。图面包含平面配置、剖立面及有色彩的透视等，具有很强的说明性。对于景观设计而言，发展设计是在前面步骤的基础上深入与展开的阶段，因此，从概略的草图到深入的透视图，它们都可以看作发展设计阶段的图面成果（图63—70）。

（4）说明性细部设计

说明性细部设计是指更进一步的说明图纸。它的一种呈现形式是设计深化图纸。设计深化图纸是以更加完善的图面表达、更加详尽的设计说明结合平立面的细节深入表达。而另一种更正规的呈现形式是完整的设计施工图。

部分表达细部构思的画可以成为辅助说明设计创意的图面。有些图可以被表达得很有情趣且生动，这样的图会增加对设计的完整认知（图71、图72）。

二、概念设计

"概念设计"以形象进行设计描述，设计构思不拘泥于具体的设计形式，它企图凭借新观念和新构思，进行一种理想化的设计描述，以求在其中诞生新的设计类型。"概念设计"也像"观念艺术"抛开物质因素那样抛开技术因素，以无拘无束的全方位探索和自由的表现创意为宗旨。

《现代设计辞典》（张宪荣主编）中将"构思设计"与"概念设计"等同，这个"最初阶段"包括了资料收集、理想化分析、实际分析、构思的形成和发展。在这里，概念设计不是作为完整的设计形态出现，而只是整个设计过程中的一个环节。

"在确定任务之后，通过抽象化，拟定功能结构，寻求适当的作用原理及其组合等，确定出基本求解途径，得出求解方案，这一部分设计工作叫作概念设计。"[21]由此可见，概念设计是一种抽象化、理想化、抛

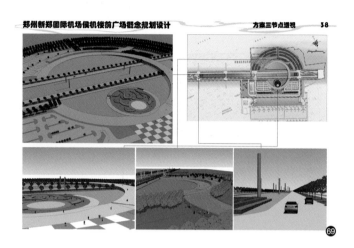

68 发展设计阶段——上色的远景鸟瞰图。

69 发展设计阶段——全局说明的鸟瞰图及各角度透视图。

[21] 赵彤, 孔超 ."微"设计系列产品的概念设计 [J]. 大众文艺, 2014: 4.

055

Chapter 1 景观设计学与景观设计的概念　Chapter 2 景观设计的内容与尺度　Chapter 3 景观设计的思维建构　Chapter 4 城市景观设计的方法　Chapter 5 城市景观设计的表达　Chapter 6 城市类型景观设计概要

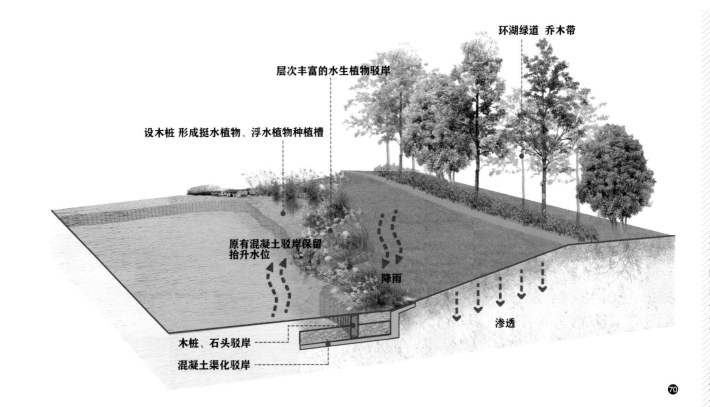

环湖绿道 乔木带

层次丰富的水生植物驳岸

设木桩 形成挺水植物、浮水植物种植槽

原有混凝土驳岸保留
抬升水位

降雨

渗透

木桩、石头驳岸

混凝土渠化驳岸

❼⓿

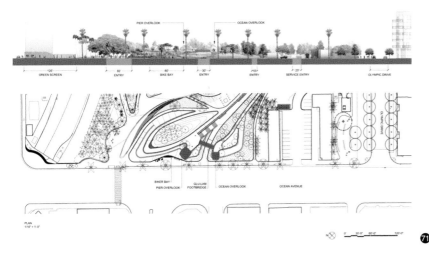

❼❶

❼❷

❼⓿ 发展设计阶段——表达驳岸设计的竖向图。

❼❶ 平面图与立面图对应的扩初图。

❼❷ 说明性细部设计阶段——具有情趣表达的绘图。

开物质因素和技术因素的设计描述过程和方法。目前，概念设计方法更多的是应用于设计前期的理想化阶段和设计竞赛中。

　　概念设计需要全面的思维能力，概念设计的中心在于设计概念，只要是出于设计分析的想法，都应被扩展和联想并将其记录下来，以便为设计概念的提出准备丰富的材料。

1. 思维方法与设计逻辑

设计中，我们可以尝试在思考过程中运用比较逻辑的思维方式，通过联想、组合、移植和归纳来进行设计构思和概念设计。

（1）联想即是对当前的事物进行分析、综合、判断的思维过程中连带想到其他事物的思维方式。扩大原有的思维空间，进行联想，从而启发进一步思维活动的开展。设计者的本体思维差异也决定了其联想空间深度和广度的相互差异。

（2）组合性思维是将现有的现象或方法进行重组从而获得新的形式与方法。它能为创造性思维提供更加广阔的线索。

（3）移植是将不同学科的原理技术形象和方法运用到设计领域中，对原有材料进行分析的思考方法。它能帮助我们在设计思考的过程中提供更加广阔的思维空间。

（4）归纳在于对原有材料及认知进行系统化的整理，在不同思考结果中抽取其共同部分，从而达到化零为整、抽象出具有代表意义的设计概念的思考模式。

在景观设计中，逻辑思维表现为功能逻辑、结构逻辑、形式逻辑。逻辑思维贯彻设计的全过程，设计的每一步都相互关联。设计者在设计活动中应当注意，留心其中存在的逻辑关系，以严谨的态度对待整体与细节。

2. 概念演绎与概念创意

设计概念的提出往往是归纳性思维的结果。设计概念的运用在于将抽象出来的设计细分化、形象化，以便能充分地利用到设计之中去。我们还可以借助运用的思维方法有演绎、类比、形象化思维等方法。演绎是指设计概念实际运用到具体事物的创造性思维方法，即由一个概念推衍出各种具体的概念和形象，设计概念的演绎可以从概念的形式方向、色彩感知、历史文化特点、民族地域特征诸多方向进行思考，逐步将设计概念这一点扩散演变为一个系统性的庞大网状思维。形象演绎的深度和广度直接决定了设计概念利用的充分与否。类比就是依据对设计概念的认识，并使其发展出具体形象的创造性思维方法（图73）。

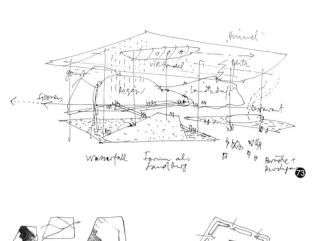

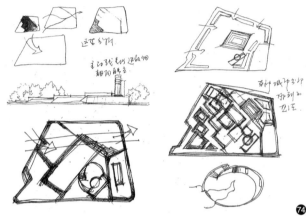

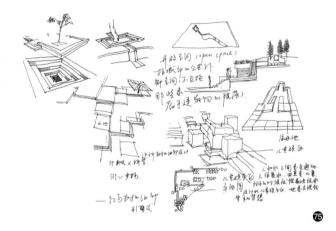

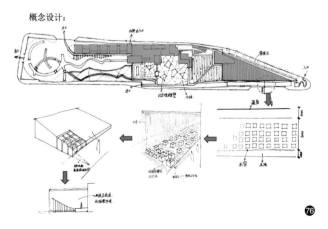

🟤 概念设计阶段的构思草图。

🟤 城市广场概念设计阶段的构思草图。

🟤 对于广场设计细部形式的构思。

🟤 对于场地各节点景观的概念设计与构思。

🟤 库普·希姆尔伯设计的法国里昂综合博物馆的构思草图。

🟤 校园景观设计的平面手绘构思草图。

🟤 安藤忠雄设计的近津·飞鸟历史博物馆的构思草图。

🟤 建筑与环境概念设计草图。

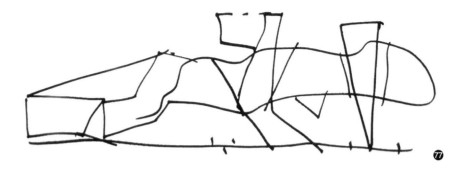

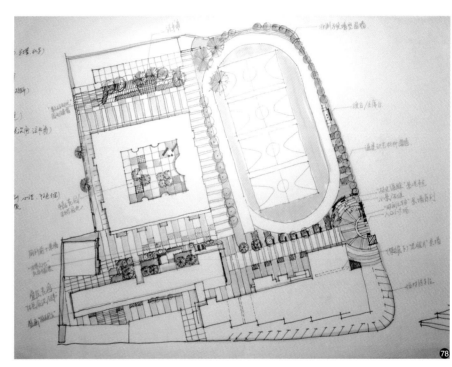

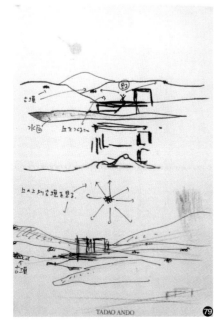

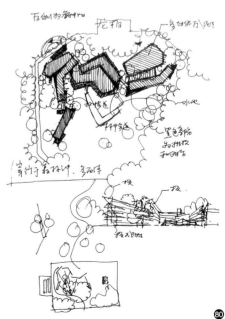

057

Chapter 1 景观设计学与景观设计的概念

Chapter 2 景观设计的内容与尺度

Chapter 3 景观设计的思维建构

Chapter 4 城市景观设计的方法

Chapter 5 城市景观设计的表达

Chapter 6 城市类型景观设计概要

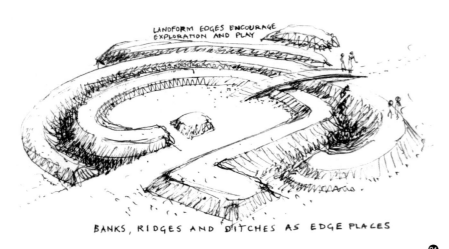

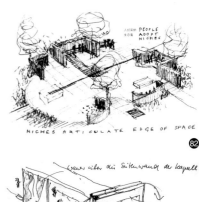

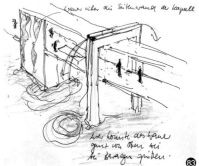

⑧ 对地形设计的构思草图——地形的变化激发人们的探索与玩耍。

㊷ 花园的概念设计草图。

㊸ 水景的概念设计草图,标有文字,说明构想。

除了理性的思维方法之外,我们还可以借助于图示思维法、集思广益法、形态结构组合研究法、图解法。这些思考方法应尽量图示化,以便直接转化为设计图(图74—76)。

设计是通过形象思维来解决"纸面上"的矛盾,景观设计要求的成果形式也决定了我们必须以图示化的表现手段呈现设计构思。对于没有经过专业训练的人而言,其人或许逻辑思维能力很强,但形象思维和图示表达能力往往很弱,经过专业训练的人员一眼就可以看出图纸所反映出的应试者、设计者的空间想象和构成能力(图77—83)。

三、功能关系分析

解读任务书后,我们在概念构思之后或同时(有时交叉进行或存在着反复),需要进行功能分区并组织交通流线,这些内容决定了如何综合协调生成景观平面。

1. 功能分区的划分

对于场地的设计,重要的是功能分区的界定。我们首先应当根据空间的性质分类和各种功能联系的密切程度进行粗略的"大块"组合,使各类空间在使用过程之中既联系方便,又互不干扰。这时,在保证必要的空间联系和分隔的前提下,需要重点解决平面布局中大的功能关系问题,例如,将联系密切的各部分就近布置,对于使用中有相互干扰的部分尽可能地隔离布置。

对场地的分析考察使我们对于场地的自然属性已经有了深入的了解,这些了解是为我们下一步的工作做准备,即设计这个场地所应实现的功能。每一块场地都有最适合它的功能,而每一种功能需要赋予最合适它的场地。这种具

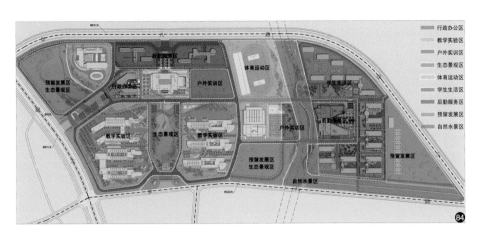

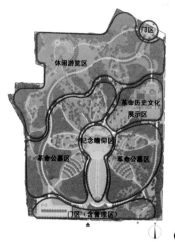

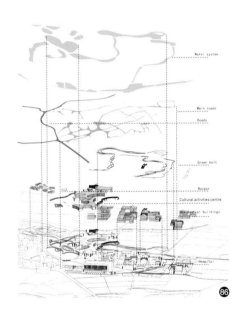

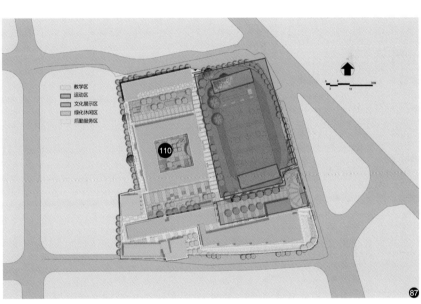

❽❹ 景观规划设计——功能分区分析图。

❽❺ 风景区设计——功能分区分析图。

❽❻ 层叠的分析图（俗称爆炸图）。

❽❼ 校园景观设计——功能分区分析图。

有良好功能性的场地的确定，不但有赖于对周边环境的了解，更需要我们对场地周边的人文状态有深入的了解，比如周边居民的生活状态、成分、消费习惯、场地的所有权，周边道路的交通状况，周边建筑的类型、使用状况、往来人员状况等。只有对这些人文资料进行汇总分析，才能得出这一场地所应提供的各项功能、使用性质，并且更合理（图84—87）。

2. 交通流线的组织

交通组织与道路布置是景观设计中的重要内容之一，是保证场地设计方案经济合理的重要环节。我们应当根据场地功能布局及其活动规律的要求，合理组织场地内各种人流、车流，并做出具体的安排。

（1）应当合理组织人流和车流的关系

车流指机动车和非机动车使用者组成的交通流向系统。车流和人流的关系若处理不当，会造成人车混杂、互相干扰的情况。人流的活动影响车流的行驶速度，而繁杂的车流又会威胁行人的安全。一般来说，场地内的交通组织关系可以分为人车分流系统、人车混行系统和人车部分分流系统。

在大量人群集中活动的区域或景观保护的区域，如商业步行街、居住社区、历史保护的街区，应当设计人车分流系统。另外，车流也应当限制通行的高度（一般为2.5m左右），货运或特殊用途的车辆应当单独设计通行出入口和道路。

视觉尺度的景观设计尤其应当注意不同交通方式人流的视觉要求和特点，以指导环境景观的设计。人流的行进速度较慢，视线范围较小，视线停留时间较长；相对地，驾车者的行驶速度较快，视线尺度范围较大，视线停留时间较短。根据人流和车流的不同视觉要求，环境景观元素的设计应当相应地有所区分。

（2）应当合理组织好人流

首先，场地与城市道路的关系应当处理好。根据《民用建筑设计通则》规定，人员密集的场地应当至少一面临接城市道路，该城市道路应该有足够的宽度，以保证人员疏散时不影响城市的正常交通。这类场地沿城市道路的长度应按建筑规模和疏散人数确定，并不小于场地周长的$\frac{1}{6}$。

其次，集散空间应合理设置。人员密集的建筑物主要出入口前，应有供人员集散的空地，其面积和长宽的尺寸应该根据使用性质和人数来确定；场地内的绿化面积和停车场面积应符合当地城市规划部门的规定，其绿化布置不应影响集散空地的使用。

再者，人流的组织应符合人流集散的规律。人流集散有两种规律：一是有经常性的大量人流集散，如商业中心、展览馆、客运站等，人来人往，川流不息；另一是有定期性的大量人流集散，如体育中心、会堂、影剧院等，人流集中的高峰在会议或演映前后。前者人流活动往往有一定规律，应将建筑物的入口和出口分开设置，使人流沿一定方向循序前进。后者常常在短时间集散大量的人流，除了分开设置出入口外，还应根据人流数量、允许集中或疏散的时间，考虑出入口分布的合理位置和足够数量（图88）。

（3）应当合理布置场地出入口的位置

场地布局要充分合理地利用周围道路和其他交通设施，争取便捷的对外交通联系。同时应尽量减少对城市主干道上交通的干扰。按照相关规定，人员密集的场地应至少有两个以上的不同方向通向城市道路的（包括以通路相连的）出口，这类场地或建筑物的主要出入口应避免直接面对城市主要干道的交叉口。

❽❽ 流线分析图。

❽❾ 功能分区，与图 88 为相同地形。

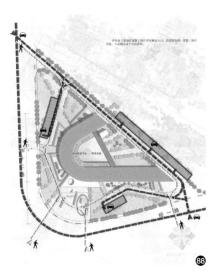

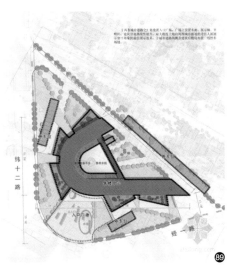

061

Chapter 1 景观设计学与景观设计的概念

Chapter 2 景观设计的内容与尺度

Chapter 3 景观设计的思维建构

Chapter 4 城市景观设计的方法

Chapter 5 城市景观设计的表达

Chapter 6 城市类型景观设计概要

居住场地中，小区内主要道路应至少有两个出入口，居住区内主要道路至少应有两个方向与外围道路相连接；机动车道对外出入口数应当控制，其出入口间距不应小于 150m，人行出入口间距不应小于 80m（这些数据类的规范需要经验的积累，可以根据设计要求，去查询一些规范来获得数据资料）。

（4）结合景观视觉轴线组织道路交通

收集到空间形态的信息后，更重要的是对信息的分析和整理，也就是找到优质的视觉区域，最佳的风景观赏点，景观的视觉轴线，应当开敞、封闭的位置，以及需要遮蔽的区域，需要快速通过的区域，需要缓慢经过、仔细欣赏的区域等，这也就是场地中营造景观的前提——场地交通。如果场地中没有进入该空间或可在其中自由往来、接收和发送信息的能力，这个景观空间无论多大，视觉资源与体验多丰富也是没有价值的。只有在交通与线路的引导下，使用者才能借助徒步、自行车或是汽车等手段得以接近、经过或环绕景观。因此可以这样认为：场地道路交通是任何视觉尺度景观设计项目的一项重要功能，对不同功能道路交通的设计，也就是对感知景观或景观视觉展现的频率、序列和特性的设计。

对于视觉尺度景观的使用者而言，平视加步行的景观体验总是动态的，人们进入场地很少从一个固定的位置和视点来观察和欣赏景色，多数情况下总是借助步行者无数视点得以认识，道路交通越流畅、视点越多，视觉趣味和感受就越丰富（图 89）。

四、平面规划

景观平面设计是将景观要素从空间形式中抽取出来，按照一定的逻辑结构加以组织整理，从而形成景观平面形态。

功能空间平面的组合方式

功能空间的平面组合方式多种多样，使设计方案具有多种可能性。规划合理的空间平面，是整个设计方案成功的基础。

1. 网状平面组合

网状的平面组合布置就像在坐标象限中，以固定长度为单位，在横向和纵向两个方向按照一定的数量阵列形成的组合关系。网状布局的平面一般以东西向为横轴，南北向为纵轴，每一个地块的面积相等或近似，也称为棋盘式的布局。

网状平面组合的优点是模数化，易于人们对方向和功能的识别和使用，地块之间的关系简单、明确，施工容易。景观设计中的各个元素，如水景、照明、座椅设施等比较容易互相配置组合，与周边地块的发展利用能够较好地衔接。缺点是容易显得机械、呆板、冷漠，缺乏亲切感，立面上也缺少变化。

网状的平面组合经济性比较好，没有明确的方向性和主次区分，实际应用非常广泛。当一个地块三面或四周都必须与周边密切联系时，网状的布局是比较理想的选择（图90）。

90 网状平面布局图。

90

063

Chapter 1 景观设计学与景观设计的概念　　Chapter 2 景观设计的内容与尺度　　Chapter 3 景观设计的思维建构　　Chapter 4 城市景观设计的方法　　Chapter 5 城市景观设计的表达　　Chapter 6 城市类型景观设计概要

91 轴线式平面布局图。

2. 轴线式平面组合

　　轴线式平面组合是指以一条主要的线形空间作为设计的主线, 在其中各个节点重点设计, 形成前后贯穿的空间关系, 也称为线状平面布局。景观轴线的确定一般根据主要建筑物的出入口, 重要的、标志性的景观特征或是人流交通的主要路线来设定。明确的景观轴线可以起到很好的视觉和方向引导作用, 可以衬托和突出环境景观中的重要特色, 使视觉立面的层次丰富, 整体布局主次分明。在景观轴线上的各个节点可以横向延伸, 带动轴线周边的环境设计。轴线式布局的优点是方向性明确, 便于安排设计中的重点和次要部分, 实际应用也非常广泛和灵活多样, 最适合半开放的或者基地本身呈长条状的空间(图91)。

3. 放射式平面组合

　　放射式平面组合是指以一个中心点为放射点, 有规律、有节奏地向四周递增、递减或均匀排布的组合方式, 也叫中心辐射平面布局。

　　放射式平面组合具有非常强烈的导向性, 空间的聚合性很强, 比较适合纪念性、主题性强的广场空间。空间布局的中心, 也就是放射中心, 是整个空间的灵魂, 应当选择富有强烈个性和特征的景观。西方古典形式的城市广场, 多以一个高大的纪念碑或柱子为整个放射平面的中心, 非常庄严、宏伟, 具有震慑力。放射布局的中心处通常选择高大的喷泉、雕塑等从远处即可以识别的标志性景观, 以引导人的聚集。这些识别性景观的尺度应当与场地的尺度相协调, 使广场的高宽比符合人的视觉需要。

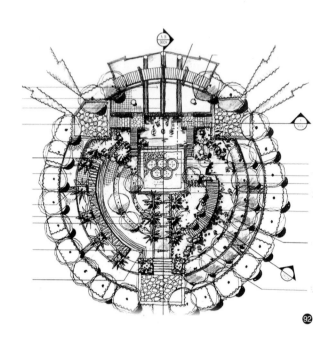

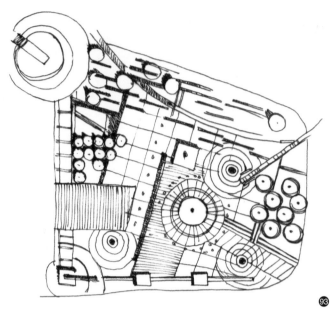

放射式平面一般用在政府广场或城市中心广场、景观中心节点等比较重要、功能要求比较单一的场地。这种平面布局有较大的限制性，不适合安排过多的、过于混杂的使用功能，一般较多作为集散场地功能的应用（图92）。

⓽⓶ 放射式平面布局图。

⓽⓷ 自由式平面布局图。

4. 自由式平面组合

自由式平面与以上三种都不太相同，是将各种平面布局的方式综合起来加以调整，或者是整理出场地的交通和功能布局后，以自然的方式或特定的构成方式将各个元素组合起来。一般来说，在场地的面积较小（5000m²以下）、比较不规则、功能要求比较多的情况下，大多采用自由式的平面组合。一些公园等休闲游憩的场地为营造舒适随意的气氛，也常常采用自由式平面。

自由式平面没有固定的构图方法，以设计师的独特创意和构思为主导。自由式平面更加注重人在空间中的体验，以期达到步移景异的视觉审美效果（图93）。

利用平面设计思考景观平面的构成

平面构成是研究、探讨形式美在所有平面艺术中的构成原理、规律及法则，探讨用多变的外部视觉形式来保证形式美所追求的永恒性。对于现代视觉传达艺术的创作实践来说，平面构成能提高思维想象的能力，启迪设计灵感，具有重要的奠基作用。

平面设计与景观设计的关系表现在两个方面：第一，平面构成为景观平面设计提供具有视觉张力的造型要素，即点、线、面等图形元素，景观平面借此来完成平面形象的塑造；第二，平面构成为景观平面设计提供明晰的构成法

065

Chapter 1　景观设计学与景观设计的概念

Chapter 2　景观设计的内容与尺度

Chapter 3　景观设计的思维建构

Chapter 4　城市景观设计的方法

Chapter 5　城市景观设计的表达

Chapter 6　城市类型景观设计概要

则，即形式美法则，景观平面借此来完成空间平面序列的组织，简单地说就是使平面构成为景观平面设计提供造型的基本要素和布局的基本规律，利用它可以使景观各要素的形态确定下来，进行有机组织，使之成为一个整体。

平面构成艺术中的造型要素点、线、面是勾勒景观内容的基本语言，直接体现景观的表现形式，控制景观的平面图形表达方式。它能够使设计者用不同的形象、不同的意蕴，设计出自己想要表达的、观赏者看得懂的具体存在的形象（图94）。

结合环境功能与环境特点进行总平面布置，设计中的多种方式和可能是景观设计创造性的源泉所在，然而景观设计却是一个时间限制的条件下发挥最大的可能性和创造力的过程。总平面设计上，首先应弄清楚设计红线的范围，然后根据概念设计阶段考虑功能分区、交通流线的组织，由各个信息综合出来的设计构思出发来引导设计。对基地内要求保留的树木和其他有景观价值的小品等，我们应有目的地将其组织到新的设计构思之内，共同形成一个有机的整体。

平面图中包含了最多的设计信息。平面图应按照一定比例绘制，要求图纸中的任意一个要素都是可以度量、换算成实际尺寸的。技术设计表达阶段的平面图是所有其他图纸的基础，可以根据基础平面图绘制出竖向高程图、绿化布置图、交通示意图等。平面图中所包含的具体设计信息应当根据工程的复杂程度的需要来确定。一般来说，总面积小于10000m^{2}的场地的平面图可以包含场地的高程、交通、建筑范围、景观绿化、照明、小品设计、雕塑、铺装、水系统设计等综合信息。在通常的设计中，我们对于比较复杂的设计，会将以上内容分别绘制在其他的图纸中。但是在面积不大的景观设计课题中，我们尽量将设计信息综合在一张平面图中以节省时间，也可以利用拷贝纸来复制基本平面，然后在其上生成其他不同的平面；大多数情况下，电脑的使用使得相同的平面的不同表达内容变得相对容易（图95—110）。

五、竖向设计

首先，我们要弄清楚什么是竖向设计。竖向设计是为了满足道路交通、场地排水、建筑布置和维护、改善环境景观等方面的综合要求，为自然地形进行利用和改造所进行的，以确定场地坡度和控制高程、平衡土石方等内容为主的专项技术设计。《建筑工程设计文件编制深度规定》明确规定竖向设计为专项设计部分。

在平时的景观课程设计中，竖向设计是非常容易被忽视的一个方面，功能分区、流线设计、景观视线等都是依托平面来进行思考。而在平面的布局完成之后，对于竖向的思考是同学们最薄弱的环节。因此，同学们平时应多注意好的设计作品中地形地貌的处理、高差变化的调整与衔接、立体形态的设计等

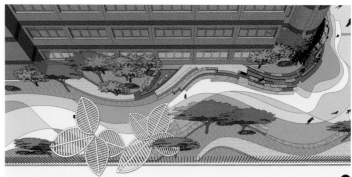

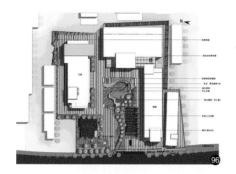

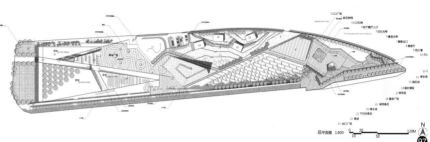

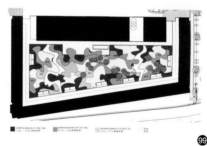

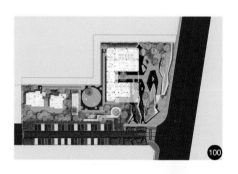

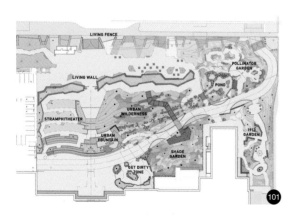

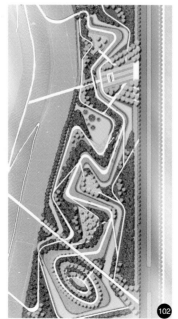

Chapter 1 景观设计学与景观设计的概念

Chapter 2 景观设计的内容与尺度

Chapter 3 景观设计的思维建构

Chapter 4 城市景观设计的方法

Chapter 5 城市景观设计的表达

Chapter 6 城市类型景观设计概要

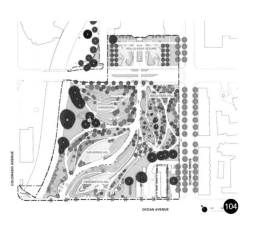

94 95 注重平面图形化的景观平面图。

96 以流水形态为核心的景观平面图。

97 具有平面构成特征的景观平面图。

98 景观规划平面图。

99 优美曲线特征的景观规划平面图。

100 住宅小区的景观规划布局。

101 植物园采用自然形态特征的平面图。

102 折线形式特征的景观规划平面图。

103 折线形式特征的景观规划平面图。

104 优美曲线特征的景观规划平面图。

105 MPPAT 景观规划平面图。

106 秦皇岛景观规划平面图。

107 彼得·沃克景观设计平面图。

108 扎哈·哈迪德与Arup&Partner、Gross. Max事务所合作的Zorrotzaurre半岛开发景观概念规划，驳岸细部平面图。

109 俄罗斯 Trekroner 学校景观规划设计平面图。

110 日德兰半岛中心城市 kolding 火车站广场总体规划。

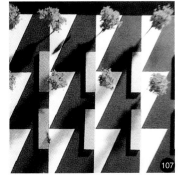
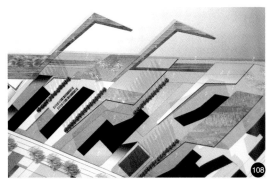
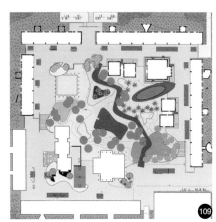

等，学习竖向设计手法。

在景观设计中，竖向设计的重要方面是地形设计。在设计构思时，我们需要考虑场地的地形变化，当然，这里面也存在对原有地形的利用和平衡土石方等因地制宜的问题，所以在平面生成之后，竖向设计就应该附加上去。

1. 竖向设计应遵循的原则

竖向设计的任务一方面是在分析修建地段的地貌和地质条件的基础上对原地形进行利用和改造，使它符合使用要求，适宜建筑布置和排水，达到功能合理、技术可行、造价经济和景观优美的要求；另一方面是从人的正常视角考虑立体造型的生成。景观设计阶段的竖向设计更多体现的是在竖向方面的设想和处理手法,不要求达到非常精确的程度。

场地内合理的竖向规划关系应遵循下列原则:合理利用地形地貌,避免土壤受冲刷;减少土石方、挡土墙、护坡和建筑基础工程量,合理确定场地的控制高程、场地的适用坡度;防洪、排涝的要求应符合地方有关部门规定;有利于建筑布置与空间环境的设计;场地设计高程与周围相应的现状高程(如周围的城市道路标高、市政管线接口标高等)及规划控制高程之间有合理的衔接;建筑物与建筑物之间,建筑物与场地之间(包括建筑散水、硬质和软质场地),建筑物与道路停车场、广场之间有合理的关系;有利于保护和改善建设场地及周围场地的环境景观。

除了地形的处理外,竖向设计还包含垂直序列上的设计内容,因此,要注重立体的造型和形态的设计,更重要的是它们的尺度与平面之间的关系以及与观者的关系。

2. 地形的表达和记录方法

地形的表达和记录方法一般有以下几种。

(1)等高线法 等高线法是最基础和使用最广泛的一种方法。等高线是以某个参照水平面为依据,用一系列等距离假想的水平面切割地形后获得交线的水平正投影图表示地形的方法。

在绘制等高线时要注意:等高线通常是封闭的;等高线从不会相互交叉,除非是基地中有非常陡峭的垂直面才会重合(图111)。

(2)高程标注法:在表示地形图中某些特殊点时,可以用十字或圆点标记这些点,并在标记旁注上该点到参照面的高程,一般标到小数点后两位(图112)。

111 等高线法地形表达。

112 地形图的高程标注方法。

113 从平面图拉出剖立面图(注意剖切线和高程标注的对应)。

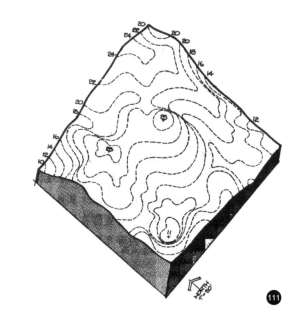

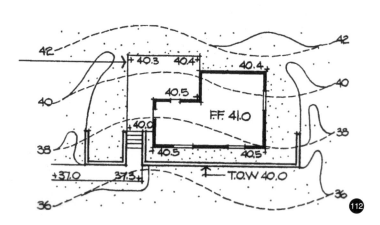

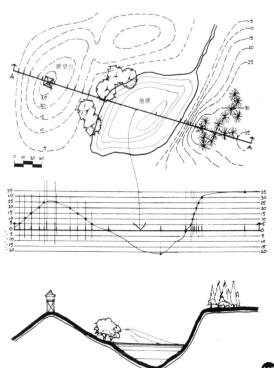

069

Chapter 1 景观设计学与景观设计的概念　Chapter 2 景观设计的内容与尺度　Chapter 3 景观设计的思维建构　Chapter 4 城市景观设计的方法　Chapter 5 城市景观设计的表达　Chapter 6 城市类型景观设计概要

114 针对场地亲水环境处理的竖向设计。

115 场地富有变化的竖向设计带来丰富性的环境体验。

116 2005年德国园林展一小游园设计以地形设计取胜。

（3）为了体现设计中的地形与高程变化，剖立面图也是表现竖向设计不可缺少的内容，这里就要注意剖切线的设置与体现设计的关系（图113）。

3. 竖向设计中体现的造型设计

多数景观设计中要求绘制立面图、透视图，实际上这些内容重点考察的是设计者的造型能力。景观中的立体实体造型是在空间概念（包括物理空间和心理空间）下，对环境起着画龙点睛的作用。立体形态的物体在环境中所占有的

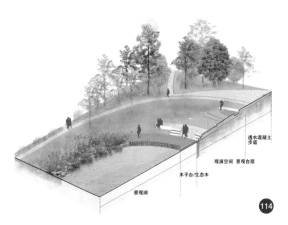

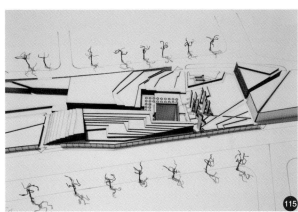

117 竖向设计丰富感来源于形态的立体变化。

118 竖向设计中体现驳岸高差变化的景观设计。

119 竖向设计中体现地形塑造的景观设计。

120 山谷景观以地形塑造表达纪念性的主题。

🔍 小贴士

Q: 现况分析的主要目标是什么？

A: 现况分析这一阶段，景观设计专注于考察基地的实质特性资料，如一块基地或建筑的尺度、植栽、土壤、气候、排水、视野及其他相关因素。如果计划书中没有列及详细的各项条件，那么从现有的条件中思考相关联的关系。基地分析是由资料分析及主观的评述所构成，这些资料及分析都是设计的基本准则。

071

Chapter 1 景观设计学与景观设计的概念　Chapter 2 景观设计的内容与尺度　Chapter 3 景观设计的思维建构　Chapter 4 城市景观设计的方法　Chapter 5 城市景观设计的表达　Chapter 6 城市类型景观设计概要

限定空间描述环境与物体的关系。由此，在大的格局规划成形的情况下，竖向的视觉范畴内，尤其应构思其中立体性实体的造型问题，它确实是格局的中心点，有着举足轻重的作用（图114—120）。

六、整合设计

1. 图面内容的整合

　　由于景观设计的时间有限，设计者不可能慢条斯理、按部就班地推进设计进程，唯一的办法是提高设计效率，要运用同步思维方式提高解决设计矛盾速度。设计的过程自始至终充满着各种矛盾，它们彼此交织在一起，相互依存、相互转化。因此，在整个设计过程中，我们对待设计矛盾就不能孤立地看待局部，而应运用整体的、全局的观点辩证地处理设计矛盾。尤其对于各种内容的图纸，如透视图、鸟瞰图、剖面图、平面图、节点细节设计等，我们可以把它

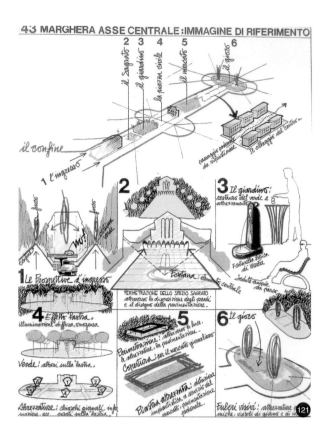

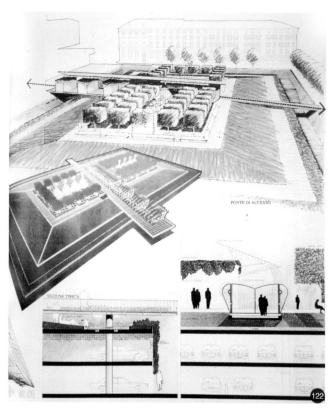

121 景观设计整合于一张图面。

122 景观设计整合于一张图面。

123 景观设计整合于一张图面。

124 景观设计整合于一张图面。

125 景观平面规划图。

126 场地分区索引图。

127 小品设施平面布局图。

128 绿化种植平面图。

们有机地组织在一个图面中，便于直观地了解设计意图，清晰地建立各个设计方面的联系，达到整合设计（图121—124）。

2. 设计内容的整合

除了以上所述的基本设计内容平面规划、竖向设计外，一套完整的景观设计还应包括种植设计、水体设计、设施设计、艺术小品设计、照明设计等。

在方案起步阶段，对环境设计与单体设计的问题要同步思维在方案建构过程中，对平面设计与空间设计的问题要同步思维在方案深化阶段等等。这种互动是一种设计技巧，它将原来单向直进的思考方式变成了双向互动的思维技巧，这就大大提高了思维的效率。若干互为牵制的设计内容，都不可能孤立地单一去解决，而一定要互动地反复权衡、比较、推敲。这种总图、平面、立面、剖面、造型、结构等同时并举、同步推进的设计方法，加快了设计速度，缩短了设计过程，是一种非常有效的设计技巧（图125—131）。

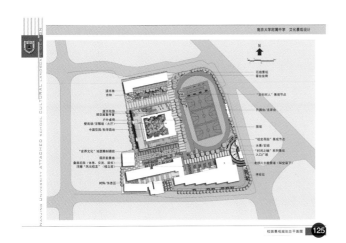

125

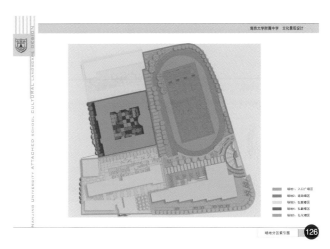

126

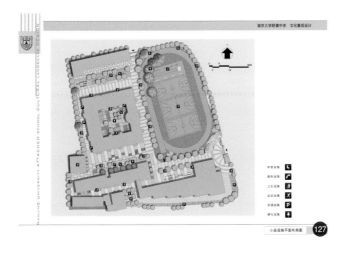

127

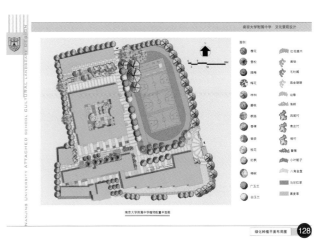

128

073

Chapter 1 景观设计学与景观设计的概念　景观设计的内容与尺度

Chapter 2 景观设计的内容与尺度

Chapter 3 景观设计的思维建构

Chapter 4 城市景观设计的方法

Chapter 5 城市景观设计的表达

Chapter 6 城市类型景观设计概要

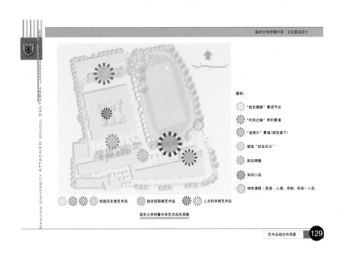

艺术品规划布局图 129

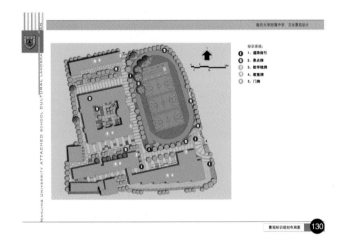

景观标识规划布局图 130

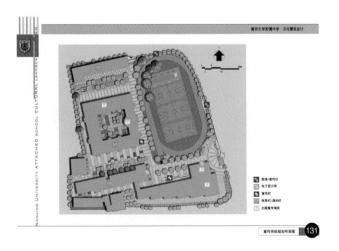

宣传系统规划布局图 131

129 艺术品规划布局图。

130 景观标识规划布局图。

131 宣传系统规划规划图。

课堂思考

1. 思考基本概念设计中的图面特性及表现方法。

2. 简述概念演绎与概念创意中的设计思维方法。

3. 思考如何合理组织场地内人流、车流的安排。

拓展阅读

1. "事件景观"塑造新公共空间作为城市发展促进力

2. 多视角下的城市事件性街道景观设计方法

Chapter 5
城市景观设计的表达

🔍 **学习目标**

景观设计需要可视化，即要以一定的中介系统或表现媒介来向人们展示其设计的内容、特征、含义及设计意向。本章学习景观设计的表达方式，了解一维语言文字表现、二维图纸系统表现、三维实体模型表现、四维动画表现的含义及表征，掌握方案成果的各种表达方式。

🔍 **学习重点**

学习概念设计表达的绘图方法；学习平面图的正确标注及表达；学习竖向设计表达的绘图方法；学习分析图的表达方法；学习三维立体效果的透视图、鸟瞰图的表达方法；学习图面构成与图纸整合的方法。

一、概念设计表达

对于"概念设计"，《设计辞典》中张乃仁将其归纳为"以形象进行设计描述，设计构想不拘泥于具体的设计形式，凭借新观念和新构想，进行一种理想化的设计描述，以求在其中诞生新的设计类型"。"概念设计"也像概念艺术抛开物质因素那样抛开技术因素，以无拘无束的全方位探索和自由的表现创意为宗旨。

在设计创作过程中出现过众多的艺术形式和设计体系，它们都在设计领域中提出各自的理论体系以及规范，艺术形式有前卫艺术、装置艺术，设计形式有功能设计体系、构成设计体系、绿色设计体系等。与其不同的是，概念设计是探索性的、紧跟潮流的、为未来做准备的，而不是一味地求新求奇。

二、技术设计表达

景观可视化要以一定的中介系统或表现媒介来向人们展示其设计的内容、特征及含义，传达给人们独特的设计意向，它与景观设计交互过程是不可分割的。从景观表现媒介工具的技术发展历程来分析，景观表现的方法可以分为一维语言文字表现、二维图纸系统表现、三维实体模型表现、四维动画表现以及多通道的虚拟现实技术。随着电脑科技的飞速发展，效果图已经很难满足客户的需求，景观动画逐步取代了景观效果图，进入景观表现当中来。

技术设计表达是景观概念设计和施工图表达中间的一个承上启下的过渡环

节。视觉尺度的景观技术设计涉及空间形态、材质、色彩、水、暖、电、照明、雕塑小品、景观设施等众多方面的具体方案，是一个众多技术部门协力配合，共同贡献劳动和智慧的过程。景观技术设计应当尊重概念设计方案的原创性和独特性，在可能的操作范围内给予最大程度的配合和支持。[20]

1. 二维空间表达——图示

图示相当于设计人员之间交流的一种语言。二维的图形、符号可以准确、全面地表达设计的功能意图、体量造型、尺寸材质等各个方面的信息。目前为止，图示的使用极为广泛和普遍，国际通用亦可以准确度量。设计人员应当熟悉设计图纸的基本表达，并把它作为设计的语言来进行交流。图示和语言有很多相对应联系的因素，图示中的地面、树木、停车场符号、表示方向的箭头等相当于语言中的单词，是经过抽象的，表达特定种类物体或概念的符号；图示中各种实线、虚线、点画线条、填充肌理等修饰符号，并将各个符号组织起来的元素相当于语言中的句法，遵循特定的规律来应用。完整的平面、立面和鸟瞰图就相当于由语言和句式组合起来的文章，可以让人们完整充分地阅读。

（1）平面图

平面图的概念是用一个假想的刀在水平面15m高的位置平行剖切物体后，所有地物在地平面的垂直投影的总和。

077

Chapter 1 景观设计学与景观设计的概念

Chapter 2 景观设计的内容与尺度

Chapter 3 景观设计的思维建构

Chapter 4 城市景观设计的方法

Chapter 5 城市景观设计的表达

Chapter 6 城市类型景观设计概要

132 景观设计总平面图。

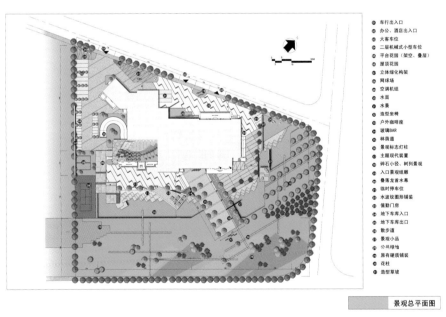

[20] 宋立民, 谢明洋, 王锋. 视觉尺度景观设计 [M]. 北京: 中国建筑工业出版社, 2007.

平面图是视觉尺度景观设计中最重要，也是需要最先确定的图纸。平面图中包含了最多的设计信息。图132中的平面图应按照一定比例绘制，要求图纸中的任意一个要素都是可以度量、换算成实际尺寸的。技术设计表达阶段的平面图是所有其他图纸的基础，可以根据基础平面图绘制出竖向高程图、绿化布置图、交通示意图等。平面图中所包含的具体设计信息应当根据实际工程的需要来确定。一般来说，总面积小于0.01km²的场地的平面图可以包含场地的高程、交通、建筑范围、景观绿化、照明、小品设计、雕塑、铺装、水

133 下沉雨水花园剖面分析。

134 渔港更新设计鸟瞰图。

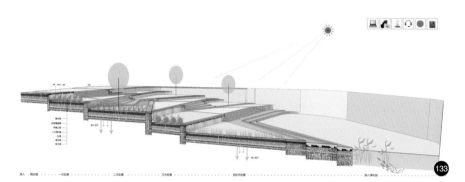

079

Chapter 1 景观设计学与景观设计的概念　Chapter 2 景观设计的内容与尺度　Chapter 3 景观设计的思维建构　Chapter 4 城市景观设计的方法　Chapter 5 城市景观设计的表达　Chapter 6 城市类型景观设计概要

系统设计等综合信息。大于这个面积的各项内容则绘制在其他的图纸中。

（2）立面 / 剖面图

景观立面图指的是景观空间被一假想铅垂面沿水平或垂直方向剖切以后，沿某一剖切方向投影所得到的视图。立面图沿某个方向只能作出一个。

我们应当在平面图中用剖切符号标识出需要表现立面的具体位置和方向。景观设计中的地形变化、具体选用树种或树形的变化、水池的深度和跌水的情况、景观构筑物的立面造型和材质等信息都需要在立面图中表达出来。如果说平面图主要体现了景观设计的布局和功能，那么立面图则具体体现了设计师的艺术构思和风格的创造。立面 / 剖面图是视觉尺度景观设计中特有的图示表达，需要绘制得详尽、具体（图133）。比较复杂的设计也可以将以上内容分别绘制。

（3）鸟瞰图

鸟瞰图为透视图中的一种。鸟瞰图是符合人眼视觉规律的空间透视图，是失真的效果，不可像平面图和立面图一样进行度量（图134）。

2. 三维空间表达——模型

模型是利用纸板、有机玻璃、木板、PVC 板等模型材料按照一定的比例制作的模仿真实空间效果的设计表达手段。模型可以非常直观地表达出设计的构思和效果，在视觉尺度的景观设计中应用得非常广泛。相比较其他图示表达，模型更加直观，易于理解和推敲，其不足是制作周期较长、成本较高。

（1）工作模型

工作模型是在视觉尺度景观设计初期阶段采用的手段。工作模型不要求十分准确，而是要非常方便且直观，要求迅速、富有创造性地表达设计。工作模型的制作材料没有具体限制，泥土、泡沫塑料、钢丝、纸板等都是制作工作模型的理想材料选择。像绘制设计草图一样，工作模型的制作也是一个思考和创作的过程，并且，直接制作工作模型有时可以获得图纸绘图难以取得的创意效果。它可以是一张纸的折叠，积木的叠加，大头针的疏密排列，彩带的缠绕、编织等等，简单又明了（图135—139）。

135 意大利维克瓦罗公园研究图形和概念图解。

136 空间构成模型。

135

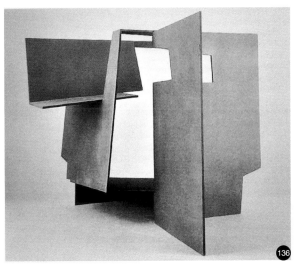

136

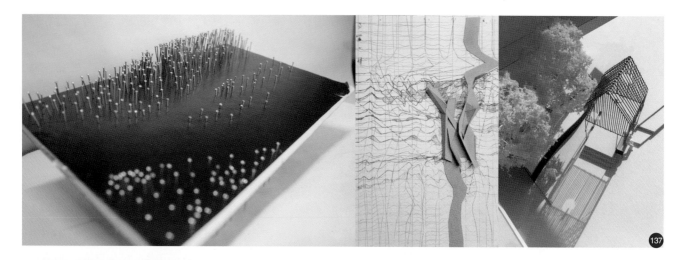

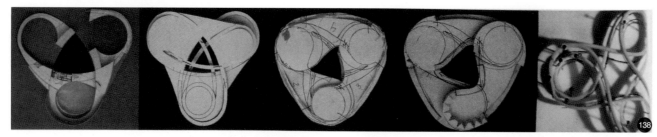

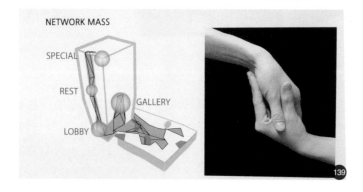

137 概念模型。

138 奔驰博物馆设计的工作模型Contemporary
Public Space Un–volumetric Architerture。

139 以手的组合形态来表达空间造型。

140 制作精细的商业模型。

（2）商业模型

在视觉尺度景观设计的后期阶段，往往需要一些精美的模型将设计完整地、准确地表达出来，用于展示、推销或其他商业目的，这些模型称为商业模型。与工作模型不同，商业模型需要迎合大众主流的欣赏眼光和视觉审美要求，制作要求十分精细，比例尺度准确（图140）。与商业模型不同，学院派风格的模型更关注空间与地形变化（图141）。

3. 动态综合表达——媒体

随着信息技术的发展，设计表达的手段也日趋多样，人们需要更加方便直观地了解、体验设计。可以说，多媒体的各种手段就像语言中的各种形容词，为设计师的构思和设想提供修饰服务，成为设计表达的一个拓展方面。

目前设计领域中应用的多媒体手段主要有几个类型。

一是演示汇报。通过Powerpoint、Acrobat、Sketchup、Lumion等演示软件，我们可以将设计从场地调研分析、设计构思、具体设计、后期制作等部分完整、系统地表达出来，便于理解和比较。

二是动画制作。我们可以将设计的空间模型用三维或二维动画制作出来，动态地展示空间效果。模拟人在真实空间中的运动过程，尤其可以精确表达图纸难以体现的细部设计和不同季节及时间的景观空间效果，十分具有感染力（图142、图143）。

三、施工图表达

1. 施工图的表达内容

施工图设计是景观设计的最后阶段，也是后期现场施工，建设方和施工方进行工程预算、结算的基础。设计者应充分了解和遵照国家与行业规范，熟悉各类景观工程材料的性质、做法，贯彻方案意图，尽量降低工程造价，做到生态、节能。

施工图设计完成后，设计方需要协同施工方、监理方和建设方进行现场交底，对于图纸中的问题应进行解答。如果后期方案有所更改，设计方需要出具设计变更图，直

141 学院派风格的模型更关注空间与地形变化。

142 Lumion渲染的动画静帧。

143 Lumion渲染的动画静帧。

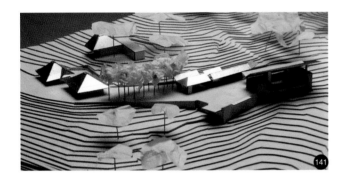

至项目施工完成。

　　景观设计施工图是具有良好的可操作性、准确率高、比较详细的图纸文件，在工程项目建设过程中起着重要的衔接作用，是把设计规划转变成现实的重要环节，是景观工程预结算、施工监理、施工工程监督和验收的重要参考依据。所以在设计施工图的过程中，我们对它的设计要求更加严谨和准确，要求设计方案清晰、简洁。在设计过程中，设计师要根据具体的景观项目，运用合理的设计手法。另外，在一些特殊的项目中，设计人员还需要提升自己在水土保持、水利工程、道路设计等方面的知识，从而设计出科学合理的景观施工图。

2. 景观施工图的基本构成

　　绘制总图主要是为了让相关人员可以更加直观地对项目整体有具体了解，总图主要由总平面定线、总平面图、总竖向图、定位图、总平面铺装图、总平面灯位图、总平面设施索引图、总平面分区图等构成。在绘制的过程中，为了形成合理的竖向、定位关系，设计师可将定稿的景观方案利用总平面的方法在现状地块中体现出来，和建筑总图进行有机的结合，对主题广场、路网关系雕塑、景观小品、景观构筑物之间的尺度关系进行认真的推敲，将主要广场的排水坡度、高程、分水线、变坡线、排水方向和主路绘制出来，给出大地坐标点，绘制出无障碍设计的平面位置、主要水景的池底控制高程和水面、绿地中等高线高程、无障碍平面设计的位置；对室内各种灯具的安装要求和安装位置进行绘制；绘制各种设施的具体位置，并给出详细的统计表；标出铺装材料的统计表，统计表中要包含材料的规格、类型和使用位置；绘制出主要的经济性指标统计表。

144 景观施工图。

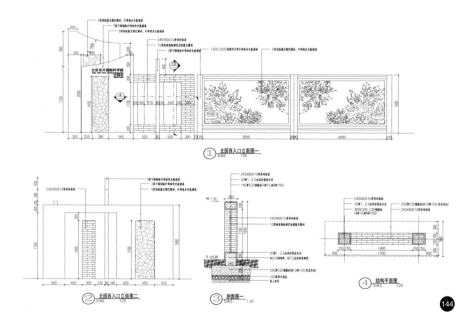

083

Chapter 1 景观设计学与景观设计的概念 景观设计的内容与尺度

Chapter 2 景观设计的内容与尺度

Chapter 3 景观设计的思维建构

Chapter 4 城市景观设计的方法

Chapter 5 城市景观设计的表达

Chapter 6 城市类型景观设计概要

在对平面图和剖面图进行绘制时,设计师对变化比较丰富、地形路差比较大的地块绘制剖面图,从而将让施工方更加深入理解设计的目的;对总图中的铺装形式进行统计后,绘制出了各种铺装样式的平面大样图,给出不同铺装交接位置的做法和构造的做法,对非上车铺装和上车铺装的做法进行了区分。例如,在设计此工程的施工图时,设计师根据实际的地形,绘制出了场地的平、剖面图,并根据实际的场地情况,标出放线网格,构造做法(图144)。

四、方案成果

1. 概念构思草图

概念草图通常是随意的、自由的创作。然而,概念草图可以表达比预期的更多的东西——即使是硬线条表现图。每一根线条都传递着关于形式、光线和空间的信息,也暗示了细部和表面的特征。如图145、图146,一幅优秀的概念草图可以揭示先前没有考虑到的可能性。换言之,草图可以指导接下来的设计。

⑭⑤ ABCP手绘草图。

⑭⑥ 概念草图的勾画呈现了设计创意。

⑭⑦ 弗兰克·盖里的洛杉矶迪士尼音乐厅设计草图。

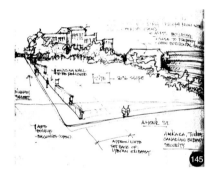

145

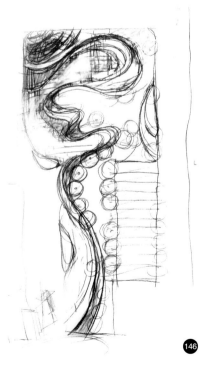

146

147

概念草图有时需要借助图解构成一种便于交流的抽象语言，通过图解，人们扩展设计词汇和传递思想。箭头、结点和其他符号等元素，可以帮助初学者应用图解技巧探索思维概念。

概念草图和图解需要借助图解词汇来实现。图解词汇可以包括以下形式：图解、环流、结点、形象化泡沫、微型草图、箭头、线构思、图线、符号语言。

在设计方案的抽象交流中，图解可以是二维的或三维的，图可以被用作概念分析图形。通过点、线、符号和分区图解，使用者的活动（流线）、空间用途（功能分区）、总平面图、场地、竖向分析、结构分析和体量围合（几何构成）可以被用来表达景观的构成。在设计过程的初期，使用图解是为了创造性地探求摆脱严格限制的多种选择机会（图147）。

设计画图过程一般以徒手草图开始。概念思维是设计画图过程中非常重要的第一步，它帮助我们同自己和同别人交流思想。对于任何一个设计，徒手草图都是促成设计想法完善的最有效的方法。在平日学习中，我们应该学会随时记录下各种探索性的想法，并附上简短的说明。许多设计师手头都常备一个速写本以记录他们的想法。一本"速写日志"在设计过程中可能成为难以估价的参考资料来源（图148）。

（1）概念草图的意义

概念草图是设计师将自己的想法由抽象变为具象的一个十分重要的创造过程。它实现了抽象思考到图解思考的过渡，它是设计师对其设计的对象进行推敲理解的过程，也是在综合、展开、决定设计、综合结果阶段有效的设计手段。

草图在许多设计领域里也都是必需的技术。在设计草图的画面上会出现文字注示、尺寸标定、颜色的推敲、结构展示等，这种理解和推敲的过程是设计草图的主要功能。优秀的设计师都有很强的图面表达能力和图解思考能力，构思会稍纵即逝，所以设计师必须具备快速和准确的速写能力。

利用草图进行形象和结构的推敲，并将思考的过程表达出来，以便对设计师的构想进行再推敲和再构思。思考类草图更加偏重于思考过程，一个形态的过渡或一个结构的确定都要经过一系列的构思和推敲，而这种推敲靠抽象

148 2000年奥运场馆及设施平面规划概念草图及透视草图。

149 侵华日军大屠杀遇难同胞纪念馆场地景观改造设计的概念草图。

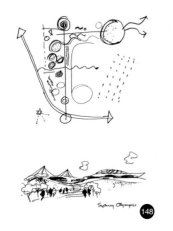

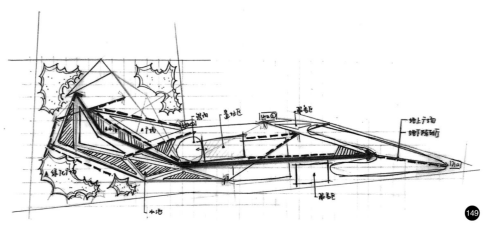

085

Chapter 1 景观设计学与景观设计的概念　Chapter 2 景观设计的内容与尺度　Chapter 3 景观设计的思维建构　Chapter 4 城市景观设计的方法　Chapter 5 城市景观设计的表达　Chapter 6 城市类型景观设计概要

的思维是不够的,要通过画面辅助思考(图149)。

(2)概念草图的表达方式

概念草图的绘制无论在方法和尺度上都是多种多样的,同一画面里可以有透视图、平面图、剖面图、细部图,甚至结构图。构思草图的表达大都是片段式的,显得轻松而随意。

概念草图从整体的角度强调轮廓、整体姿态、亮度对比和被强调的部分。这部分将表现立体的成分与面的构造,透视画法的草图是最适合达成这个目标的。不必太在意细节,概念草图以勾线轮廓或明暗渐变的手法绘制均可,也可上色彩,应着重表现设计的立体结构和面的构造。概念草图同时也可以很有艺术感,甚至能表现出国画的意境(图150—157)。

我们可以向大师草图学习。大师草图的思考性大于绘画性。设计师的草图更多的是反映思考的痕迹,追求的是解决实际问题的巧妙方法。大师的手绘草图多是对场地和周边环境的分析,对方案创意和深化的过程。我们可以学习和研究大师草图中体现的思维创意的过程,推敲设计方案形体和周围场地关系的分析。

如果概念性的草图很好地解析了设计的意图,可以作为设计表现图来丰富快题设计的图面,而且,概念草图的表达往往能够反映出设计者的方案水平,

150 伦佐·皮阿诺设计草图。

151 伦佐·皮阿诺设计草图。

152 大连周水子国际机场设计草图。

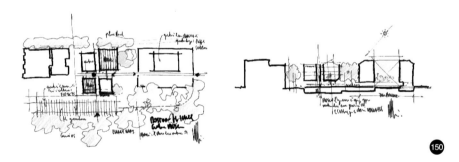

150

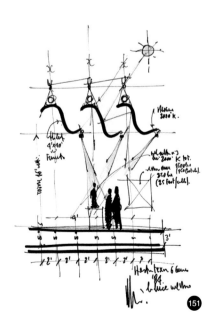

151

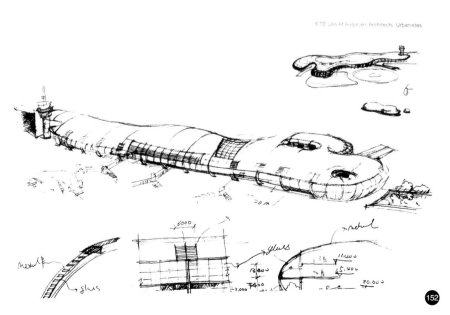

152

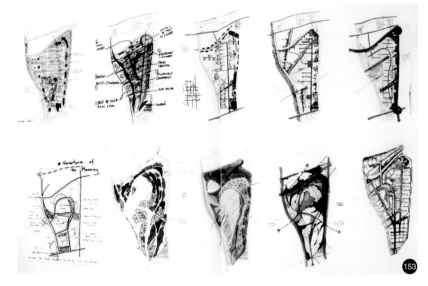

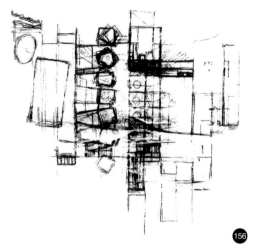

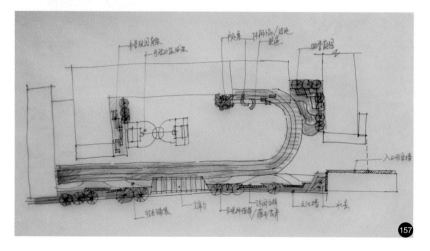

153 多角度分析一块场地的草图。

154 安藤忠雄皮诺基金会美术馆的草图。

155 清华大学汪国瑜画的黄山云谷山庄的草图。

156 韩国建筑师承孝相在长城脚下的公社的设计中画的草图。

157 为一所校园景观改造绘制的平面构思草图。

对设计的把握以及独特与创意的构思等等。

2. 总平面图

景观设计的总平面图表明了一个区域范围内景观总体规划设计的内容, 反映了组成景观环境各个部分之间的组合关系及长宽尺寸, 是表现总体布局的图样。总平画图的具体内容包括:

① 表明用地区域现状及规划的范围;

② 表明对原有地形地貌等自然状况的改造和新的规划;

③ 以详细尺寸或坐标网格标明建筑物、道路、水体系统及地下或架空管线的位置和外轮廓, 并注明其标高;

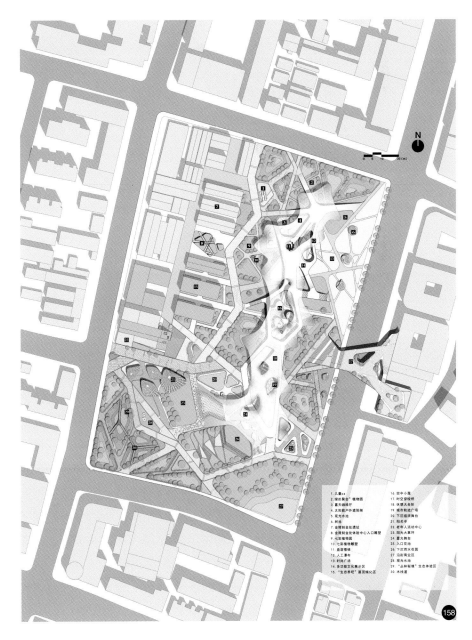

158 学生作业——此平面图表达细腻, 图面清新, 树木的画法显示出不同树种的表达, 结合不同绿色的变化, 植物表达丰富、富于变化, 阴影的勾画显示出光照方向的同时, 也增强了立体感。

087

Chapter 1 景观设计学与景观设计的概念

Chapter 2 景观设计的内容与尺度

Chapter 3 景观设计的思维建构

Chapter 4 城市景观设计的方法

Chapter 5 城市景观设计的表达

Chapter 6 城市类型景观设计概要

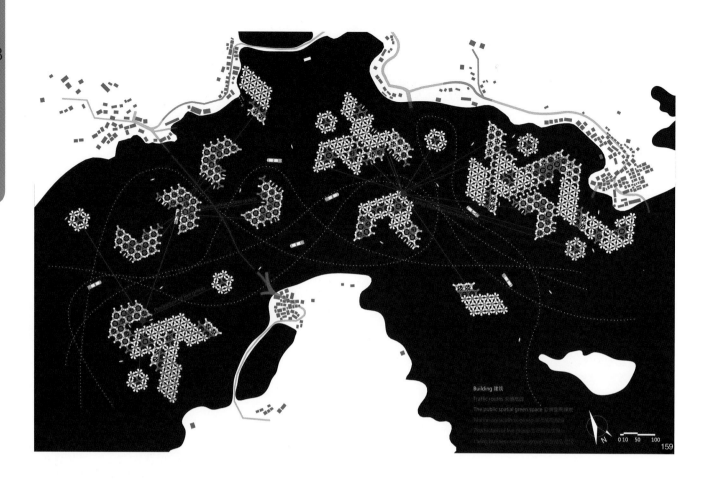

Building 建筑
Traffic routes 交通道路
The public spatial green space 公共空间绿地
Main landscape structure group 主要景观群组
The production of two group 生产型群组
Living business tourism group 生活商业旅游型群组

159

④标明园林植物的种植位置。

在设计过程中,设计者必须绘制完整的图面以表达他的构想。与透视图、剖面图和立面图相比较,平面图被视为最有效的沟通图示。一般而言,平面图可以让阅者了解整个设计方案较为完整的设计架构,同时表达设计者对于各种设计元素的明确标示。

平面图表达的优劣直接关系到对设计的第一解读,它决定着对设计的第一印象。因其中隐含着绘图技巧及才能的表达,高品质的图稿具有视觉上的吸引力,它同时有效地显示出设计的内涵,有水准的图稿将提升作品的分量(图158、图159)。

(1)文字标示的位置编排与符号图示

平面图上需要加上文字注解才能表达清楚设计内容,这是初学者在平时的设计过程中和应试中最容易忽略的事项。即使设计者本人已非常清楚内容项,但在平面图中还是要尽量表达完整、清晰、细致。平面图的绘制中,我们要思量如何将文字或文字串融入整张设计图中。排放位置是完稿构图所应思考的部分,注解可以按工整的形式出现,其位置的安排尽可能与整个构图形成互补作用。平面图应尽量避免随意标示带来的画面混乱感,通常可以使用辅助线来帮助字体排列清晰及一致,注意书写时由左而右(图160—163)。

159 学生作业——此平面图表达丰富,图面简洁时尚,各方面表达深入。

160 文字标注:由引出线引导文字,按照画面的空白均匀地布置,此法可以根据不同的画面留白来灵活处理。

161 索引标注:由数字标记,再索引标注文字,此法避免文字过多而破坏画面的整体感,比较适合设计内容多的图面。但索引标注使得阅读画面内容多了一个环节,不够直接。

162 文字标注:由引出线引导文字,按照横向方式均匀地布置,此法使画面非常统一与清晰。

163 文字标注结合图片索引:由引线标注文字,再附加图片,说明标注的详细内容与视觉引导。此方法适合需要多重信息的解释与表达。

164 指北针符号的几种画法。

165 比例尺的几种画法。

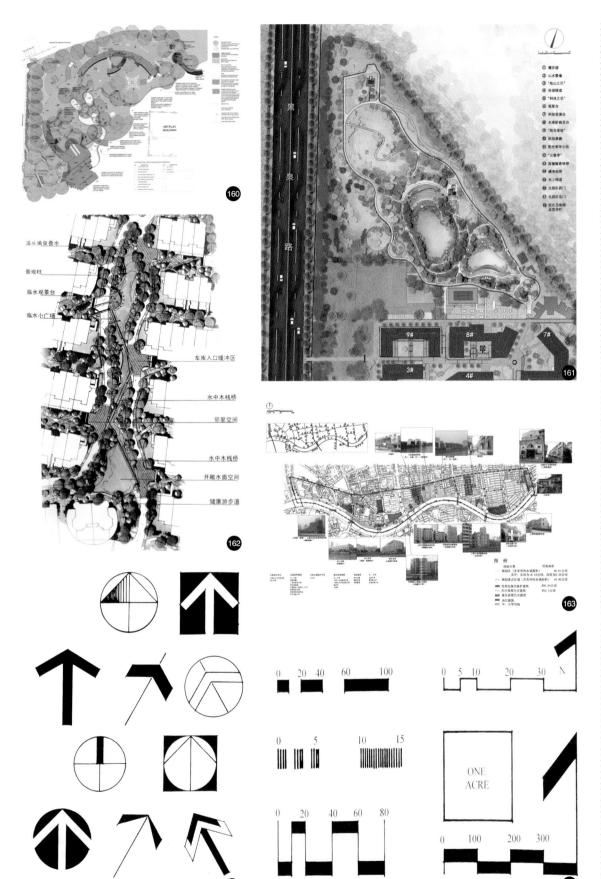

089

Chapter 1　景观设计学与景观设计的概念

Chapter 2　景观设计的内容与尺度

Chapter 3　景观设计的思维建构

Chapter 4　城市景观设计的方法

Chapter 5　城市景观设计的表达

Chapter 6　城市类型景观设计概要

指北针、风向标、比例尺、等高线、图例、图名，这里的每一项都不能少，图面标注完成以后，尽快加上去，并核查（图164、图165）。

（2）平面图的勾线表达法与明暗表达法

平面图承载了大量的设计信息，在平面图的表达中，我们可以按照基本的勾线表达法来实现平面规划布局的表达，为了达到易于辨认的目的，平面图中的线条要注意不同线型的变化。线型的宽窄变化能够使画面层次感丰富，图面精致（图166）。

但是，普通的墨线稿有时需要仔细辨认，并结合标注才能理解设计意图。因此，我们可以利用明暗表达法，使总图的建筑、构筑物、植物等设计要素与基地、明与暗、正空间与负空间的关系因对比得到更深入的表现；利用明暗调子显示出建筑物和构筑物包括植物投下的阴影，它使得平面图更加立体、清晰、易读（图167、图168）。

（3）绿化种植设计在平面图中的标示

绿化种植平面图用于说明设计方案中场地内各种绿化形式及其布置情况。在正式的施工图纸内，绿化种植图用以指导具体施工，其内容包括平面图、立面图、剖面图、局部放大图、苗木表等。平面图的要求是在图上应按实际距离尺寸标注出各种园林植物品种、数量。平面图主要表示各种园林植物的种类、数量、规格、种植的位置、配植的形式等，在施工图阶段是定点放线和种植施工的依据。

种植设计，可以根据设计构思，利用植物的形态、季相来丰富设计方案，并对种植设计有所说明；而且也可以将绿化种植设计的内容结合进总平面，不仅节省作图时间，同时又对种植设计进行了说明，且丰富了图面表现性（图169、图170）。

（4）竖向设计在平面图中的标示

竖向设计图也属于总体设计的内容，它能反映出地形设计、等高线、水池

166 平面图墨线稿。

167 增加阴影的画面立体感非常强，而且还可以表达出物体的高差变化，这样的图面在图面呈现时很容易"脱颖而出"；多数平面图需要强调建筑的阴影，以便与其他设计内容相互区分。

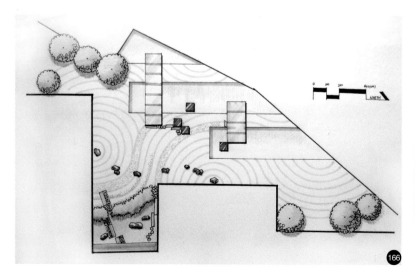

166

167

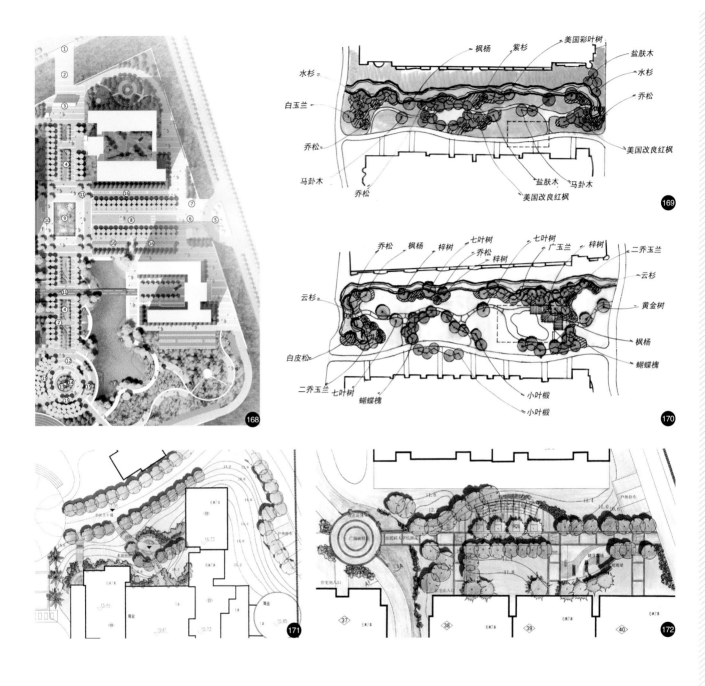

091

Chapter 1 景观设计学与景观设计的概念　Chapter 2 景观设计的内容与尺度　Chapter 3 景观设计的思维建构　Chapter 4 城市景观设计的方法　Chapter 5 城市景观设计的表达　Chapter 6 城市类型景观设计概要

图169：
枫杨　紫杉　美国彩叶树　盐肤木
水杉　　　　　　　　　　水杉
白玉兰　　　　　　　　　乔松
乔松　　　　　　　　　　美国改良红枫
马卦木　　盐肤木　马卦木
乔松　美国改良红枫
169

图170：
乔松　枫杨　梓树　七叶树　七叶树　广玉兰　梓树　二乔玉兰
乔松　梓树　　　　云杉
云杉　　　　　　黄金树
　　　　　　　　枫杨
白皮松　　　　　蝴蝶槐
二乔玉兰　七叶树　小叶椴
七叶树　蝴蝶槐　小叶椴
170

168

171

172

168 索引法标注的景观平面图。

169 引线法标注的种植设计。

170 引线法标注的种植设计。

171 竖向高程的标注：图中主干道与圆形广场的高程标注是数字结合标高符号，起伏的坡地以等高线结合标高数字来表示，这样阅图者对于地形的变化清晰明了。

172 设计的平面中有标高与竖向变化的，需要在平面图上标出。

山石的位置道路及建筑物的标高等。竖向设计在平面图中以高程标注来表达，主要表明有关的各设计因素之间具体的高差关系。竖向高程标示主要包括如下几点。

① 现状与原地形标高：设计等高线，等高距为0.25—0.5m；土山山顶标高；水体驳岸岸顶、岸底标高；池底高程，用等高线表示，水面要标出最低、最高及常水位。

② 建筑物的室内外标高，建筑物出入口与室外标高，道路折点处标高，纵坡坡度。特别要注意标高通常以米为单位（图171、图172）。

3.分析图

表述自己的方案有很多种说明方法,例如数据图表、文字、图文结合的说明等等,绘制"分析图"的目的是全面理解场地的各种信息,解析设计意图,分析设计的合理性,同时分析图直接对应问题的解决和采用的设计思维。

最基本的"分析图"使阅图人在第一时间内明确设计者的意图,如交通组织、功能分区、景观格局等。分析图种类很多,目前的分析图相对来说没有严格的规范,但大致划分可以分为如下几类:

功能分区分析图 / 景观分区分析图

交通流线分析图 / 道路交通组织图

景观格局分析图 / 景观视线分析图

绿化种植分区图

概念结构分析图

在设计课程和长期作业中,我们可以根据项目的复杂程度选择不同的分析图来解析设计,而在正式的设计项目方案中,我们应该尽可能就地绘制各种分析图,对各种场地条件和限制提出求解,对设计意图解析完整。

注意不同的分区、流线、视线这些分析手段体现的图面元素要用不同的符号表示(通常有比较规范的符号),一套清晰的符号语言对于同他人及同自我进行图解交流是很有用的。

(1)功能分区图

对于场地的设计,重要的是功能分区的界定。这些功能分区图暗示临近关系和最终解决的可能性的安排。

功能分区图是在平面图的基础上以线框按概略的方式框出不同功能性质的区域,并在图的空白处标注清楚分区的名称。

正确的表达方法:注意在绘图时比较规范的是用具有一定宽度的虚线(也可以用实线)将区域做概略的框选,然后在内部可以填充上较透明的色块。每一个分区框线和填充色都是同一种色彩,各个不同分区用不同色彩加以

173 功能分区图:在平面图的基础上以色块表达用地属性。

现有的土地使用规划
Current Land Use Plan

建议的土地利用规划
Proposed Land Use Plan

当前的开发趋势:

大面积相同的地块尺度
土地利用缺乏变化

结果: 大的开发商在河流沿岸进行
大面积的、单调的、超出正
常尺度的开发工作

Current Development Trend:

Large uniform lot sizes
Small variation in use

Result: large, monotonous, out of scale
development along the river by big
developers

建议的开发策略:

同时拥有大小不同的发展机遇
多样化的土地利用

结果: 大的和小的开发商可共同创
建一个尺度宜人,变化多样
的,有活力的河岸区域

Proposed Development Strategy:

Mixed scale of development opportunity
Mixture of land use

Result: Allow large and small developers to
work together to create a human
scale, diverse and vibrant riverfront
district

093

Chapter 1 景观设计学与景观设计的概念　Chapter 2 景观设计的内容与尺度　Chapter 3 景观设计的思维建构　Chapter 4 城市景观设计的方法　Chapter 5 城市景观设计的表达　Chapter 6 城市类型景观设计概要

福新河畔居住区

滨河高档住宅开发

老的福新磨房成为令人喜爱的建筑特色

Riverfront Residential District

Riverfront high-end residential development

Old flour mill as featured gem building

四行文化区

小规模的混合用地居住区开发

抗战博物馆和市民公园

Sihang Museum District

Small scaled mixed-use residential development

War museum and civic park

旧仓储改造区

现存的历史上的仓储区成为闸北河岸区的中心

混合用地商业休闲娱乐区和广场的开发创建了一个有活力的河岸区域

Warehouse District

The existing historic warehouses make up the center of the Zabei rivrfront district

Mixed-use commercial entertainment development and Plaza creates a vibrant riverfront

里弄公园

大型滨河公园与特色里弄建筑相结合

艺术里弄

Linong Park

Large riverfront park featuring preserved linong houses

Artists linong

天潼混合居住区

沿天潼路的商业和沿河的居住相结合

上海总商会和天後宫

Tiantong Mixed-use Residential Neighborhood

Commercial use along Tiantong road and residential use along river

Shanghai Commerce Club and Tianhou Temple

五个分区特色 5 District Identity 1.3

174

174 功能分区图: 框选所在的区域, 以色块结合文字表达各区域。

区分, 再用图例在空白处标注出来。方案设计中允许用透明拷贝纸或硫酸纸来"蒙图"描绘分析图, 也可以通过PS软件来生成相同底图上的不同分析图(图173、图174)。

（2）交通流线分析图

交通流线是在平面、剖面或三维画面图解中二维地描绘使用者的动作路线和流向。其动作可以是水平的或垂直的, 动作开始的地方叫作结点。一个结点就是其他图解符号的中心点。在图解上, 我们经常看到由运动线联结的结点(中心点或集中点)。

一般来说, 在绘制这种交通分析图时, 应当明确分清基地周边的主次道路、集散广场、主要的车行和人行交通的组织及方向, 然后用不同的图例将其表达出来。

正确的表达方法: 注意在绘图时运用比较规范的符号, 一般常规的画法是采用点画线(也有的采用虚线)结合箭头标示出路线的两端走向, 按道路容量与级别的不同采用不同的宽度, 通常主干道采用最粗的线条, 次干道、支路、行人步道等逐渐变细, 且用不同颜色加以区分, 再用图例在空白处标注出来。用透明拷贝纸或硫酸纸来"蒙图"描绘流线分析图更好, 可以用缩小的平面图,

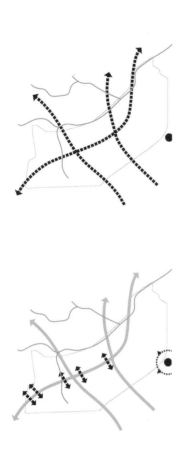

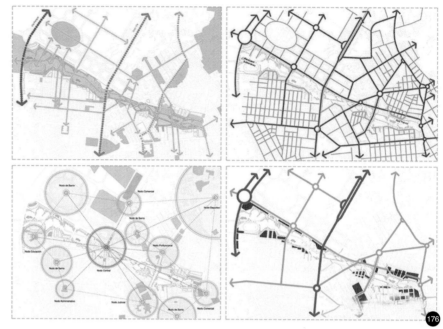

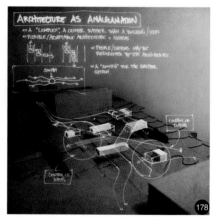

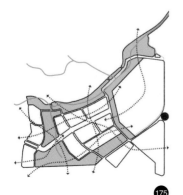

概略地描绘场地内路线的走向以及等级关系。无论使用哪种表现手段（彩色图例、单色图例），都要力求使分析图清楚易读，让阅图人一目了然地把握建筑与环境的关系，了解设计意图。流线一定要表达清楚（图175—178）。

4.剖立面图

　　立面图是为了进一步表达景观设计意图和设计效果的图样，它着重反映立面设计的形态和层次的变化。剖面图主要提示内部空间布置、分层情况、结构内容、构造形式、断面轮廓、位置关系以及造型尺度，是了解详细设计，进而到具体施工阶段的重要依据。

　　在沟通设计构想时，内容通常需要比在平面图上所能显示的更多。在平面图上，除了使用阴影和层次外，没有其他方法来显示垂直元素的细部及其与水

095

Chapter 1 景观设计学与景观设计的概念　Chapter 2 景观设计的内容与尺度　Chapter 3 景观设计的思维建构　Chapter 4 城市景观设计的方法　Chapter 5 城市景观设计的表达　Chapter 6 城市类型景观设计概要

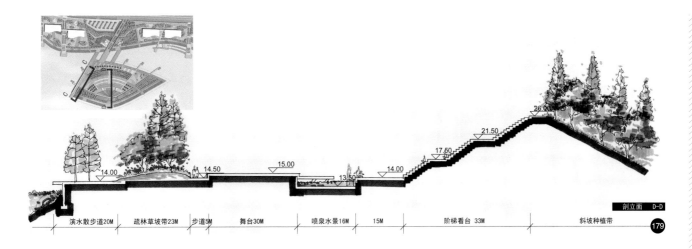

剖立面　D—D

滨水散步道20M　疏林草坡带23M　步道5M　舞台30M　喷泉水景16M　15M　阶梯看台 33M　斜坡种植带

179

175 流线分析图：以不同的线条与色彩标注出不同的道路流线，注意利用箭头标注清楚道路的走向。

176 流线分析图：分析道路系统。

177 流线分析图：标出出入口位置，主干道、次干道、支路、人行步道。

178 流线分析图：标出各级道路的关系。

179 剖立面图需要传递出众多的设计信息：反映出标高变化、地形特征、高差的地形处理以及坡地与种植植物的特征，同时要注意与平面图上剖切线的对应。

180 剖立面图按照比例绘制，可以看出景观大道的尺度关系，注意不同树种的绘制与配置、色彩变化与虚实处理。

平形状之间的关系。然而，将立面图和剖面图结合在一起表达的剖立面图却是达到这个目的的有效工具（图179）。

（1）景观剖立面图的特性

景观剖立面图指的是景观空间被一假想垂面沿水平或垂直方向剖切以后，沿某一剖切方向投影所得到的视图。沿某个方向只能作出一个立面图。绘制景观剖立面图时应当注意几点：① 地形在立面和剖面图中用地形剖断线和轮廓线表示；② 水面用水位线表示；③ 树木应当描绘出明确的树型；④ 构筑物用建筑制图的方式表示出。应当在平面图中用剖切符号标识出需要表现立面的具体位置和方向，景观设计中的地形变化、具体选用树种或树形的变化、水池的深度和跌水的情况、景观构筑物的立面造型和材质等信息都需要在剖立面图中表达出来。如果说平面图主要体现了景观设计的布局和功能，那么立面图则具体体现了设计师的艺术构思和风格的创造。剖立面图是视觉尺度景观设计中特有的图示表达，需要绘制得详尽、具体（图180）。

（2）景观剖面图的表达内容和表达方式

① 强调垂直元素与相关活动及机能的重要性（图181）；

② 可以显示在平面图中无法显示的元素（图182）；

③ 借以分析优越地点的景观和视野（图183）；

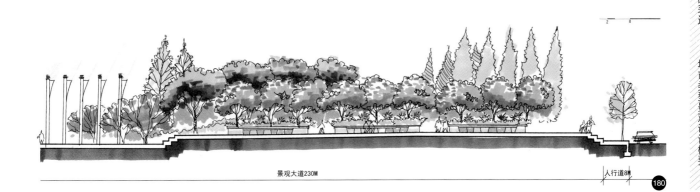

景观大道230M　人行道8M

180

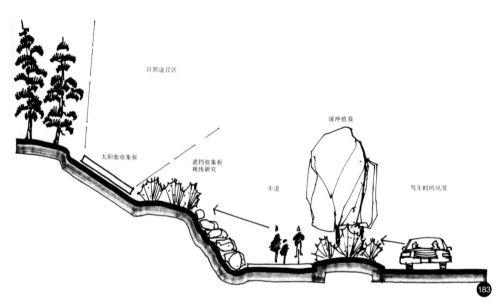

日照途径区

缓冲植栽

太阳能收集板

遮挡收集板
视线研究

步道

驾车时的风景

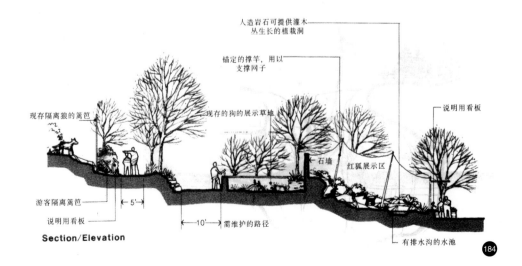

人造岩石可提供灌木
丛生长的植栽洞

锚定的撑竿,用以
支撑网子

现存的狗的展示草地

说明用看板

现存隔离狼的篱笆

石墙

红狐展示区

游客隔离篱笆

说明用看板

Section/Elevation

5'

10'

需维护的路径

有排水沟的水池

097

Chapter 1 景观设计学与景观设计的概念 Chapter 2 景观设计的内容与尺度 Chapter 3 景观设计的思维建构 Chapter 4 城市景观设计的方法 Chapter 5 城市景观设计的表达 Chapter 6 城市类型景观设计概要

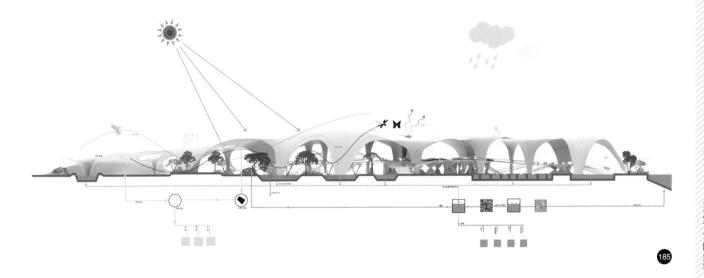

185

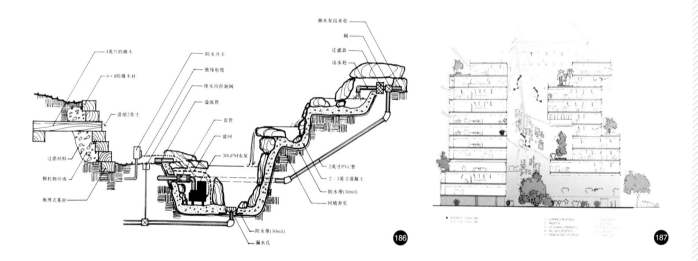

186

187

181 强调垂直元素与相关活动及机能的重要性。

182 可以显示在平面图中无法显示的元素。

183 借以分析优越地点的景观和视野。

184 研究地形且显示景观资源。

185 说明生态学上的关系并显示气候和微气候的重要性。

186 显示建造元素内部结构。

187 显示建造元素内部结构。

④ 研究地形且显示景观资源（图184）；

⑤ 说明生态学上的关系并显示气候和微气候的重要性（图185）；

⑥ 显示建造元素内部结构（图186、图187）。

5. 透视图及鸟瞰图

　　设计图纸要全面反映设计的各项成果，通过平面图、剖立面图、详图等技术性图纸的表达，使人们对设计有全面的认识与了解。平、剖、立面图是从多个视角反映物体的特征，即对设计方案的分解，但这些视图还需要借助人们综合的思考将分解的片段组合成一个整体。

　　常规的景观设计方案中除了平面图、剖立面图外，正常视角的透视图或者鸟瞰图是辅助说明方案的重要图纸。

透视图可以帮助实现真实的模拟。

透视图是指按照人眼的视觉规律，以科学透视的方法表达的三维空间效果图。透视图是不可以度量的，视觉尺度景观设计中经常使用的透视图是一点透视和两点透视。在需要表现场地气氛、空间效果和天际线的形态时，我们要多使用一点透视图；而在需要强调具体设计的构思、造型、某个构筑物的形态时，常常使用两点透视。需要强调的是，视觉尺度的景观透视图应当把视平线确定在1.5—1.7m，也就是人眼的通常视线高度上，可以方便、真实地表现空间效果。

视觉尺度的景观设计主要依靠透视图模拟人在空间中的体验，绘制接近真实的空间效果。手绘的空间效果图可以生动地渲染景观设计的气氛，在这一点上优于电脑表现的透视效果图（图188—190）。

（1）鸟瞰图实现整体的效果

景观鸟瞰图是指在高于视平线的位置观察场地时绘制出的空间透视效果图。作为透视图中的一种，鸟瞰图是符合人眼视觉规律的空间透视图，是失真的效果，不可像平面图和立面图一样进行度量（图191—图194）。

鸟瞰图一般以场地的总平面图为依据，全面地表达设计的各个细节元素，体现设计的总体效果。可以度量的鸟瞰图就是轴测图，轴测图按照真实的尺寸及一定的比例绘制，必须精确、完整。互相遮挡的物体可以用透明体块或虚线表示。

188 人视角度表达的透视图。
189 人视角度表达的透视图。
190 人视角度表达的透视图。

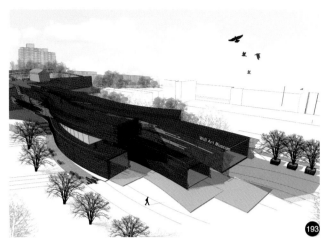

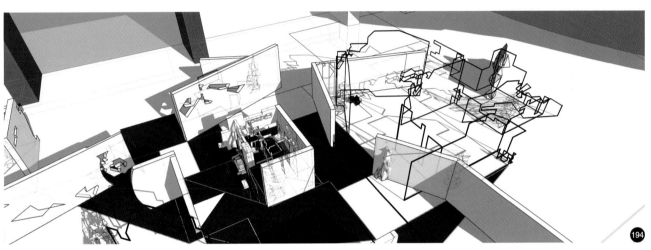

099

Chapter 1 景观设计学与景观设计的概念　　Chapter 2 景观设计的内容与尺度　　Chapter 3 景观设计的思维建构　　Chapter 4 城市景观设计的方法　　Chapter 5 城市景观设计的表达　　Chapter 6 城市类型景观设计概要

191 鸟瞰图（学生作业）。

192 鸟瞰图（学生作业）。

193 鸟瞰图（学生作业）。

194 鸟瞰图（学生作业）。

（2）透视图优劣的衡量标准

① 表现效果的灵魂——立意构思

任何透视图的画面所塑造的空间、形态、色彩、光影和气氛效果都必须是围绕设计的立意与构思所进行的。因为立意构思是表现的灵魂，它是设计得以进行的关键。

② 透视图的形体骨骼——准确的透视

画面的形象是设计构思的体现。而形象在画面上的位置、大小、比例、方向的表现必须是建立在科学的透视规律上的。准确的透视是设计透视图的美感的基础，掌握透视规律，并应用其法则处理好各种形象，是使画面的形体结构准确、真实的前提。

③ 透视图的血肉——明暗色彩

色彩应强调主要关系，侧重归纳整理，而不必过多地拘泥于绘画色彩的丰富变化。有些图整体感很强，着色不多但很醒目，容易引起注意，如此便能赢得好感，争取主动（图195—198）。

195 马克笔手绘鸟瞰图 (学生作业)。

196 电脑绘制的鸟瞰图 (作者：朱伟静)。

197 电脑绘制的鸟瞰图 (作者：吴少亭)。

198 电脑绘制的鸟瞰图 (作者：瞿洋)。

101

Chapter 1 景观设计学与景观设计的概念　Chapter 2 景观设计的内容与尺度　Chapter 3 景观设计的思维建构　Chapter 4 城市景观设计的方法　Chapter 5 城市景观设计的表达　Chapter 6 城市类型景观设计概要

198

6. 图面构成与版式设计

　　一套完整的景观设计图通常包括概念图解（草图）、总平面图、剖立面图、分析图、透视图。这些表现图，无论是采用常规的或是前卫的表现手法，都必须能有效地将设计意图传达给观者。

　　不论是真实的设计项目还是景观快题考试，图纸内容的主要目的是有效地表达设计构思。常规的景观设计教学，即平时的课程作业或参加竞赛中，都会要求将多幅图并置在一张或几张图面上。真实的设计项目中多采用同样幅面的一整套图纸来表达设计方案，每一幅图表达一个设计内容。

　　一种有序的构图形式将最终的设计成果绘制并布置在图纸上。最理想的图纸应当"自我表达"，因此文字应尽可能少一些，通常在适当的距离下仍能清晰可读时，采用最小的字母和最简单的字形。一套图纸尽力在版式、尺寸大小、形状、方向和图纸类型上保持一致。图版上介质使用的连贯性也有助于多个图面的统一性。图面在平衡和安排各种元素时，要尽力做到有创造性。一种对比性的画面（如在白色底版上用黑色块来整合琐碎的图面）可以帮助组织和协调那些在所有表现图里的表面上毫不相干的片段元素。

　　组合各图面的最终日的是把被利用的各种画图惯例和文字说明有效地结合起来。这在很大程度上取决于表现图版的大小和形状以及选用的对各种图纸（格网、强化背景、放射和旋转、突出中心等）的组合方式。参考一些平面的排版方式就会得到启发，它们告诉你应该怎样去处理你自己的表现图版式。

　　版式设计是对各个设计内容的图面进行编排设计，版式设计是为了下一步传递设计信息服务的。保证设计图纸的完整、清晰则是前提。即使版式设计得非常吸引人，但图纸的质量受到了影响，那也必将适得其反。因此设计师应平衡好版式设计中艺术性与科学性的关系，来达到最有效传递设计文件的目的。

版式设计原则：

（1）总图应按指北针朝上的方向来绘制；

（2）如图纸在高度上有足够的空间，应将各层平面图和立面图在垂直方向上对齐排列；

（3）如图纸在宽度上有足够的空间，应将各层剖面图和立面图在水平方向上对齐排列；

（4）详图和标注应该有序的成组布置；

（5）轴测图和透视图是统一整个版面的综合性图。

在版式设计中，最关键的是要保证文本形式与设计项目的主题及内容相协调，此外还要使文本体现出一定的秩序。秩序就是使复杂事物条理化、系统化、单纯化的手段。设计者可以通过比例、侧重、对比、衬托等手法，达到在多样中求统一、变化中求和谐的艺术效果（图199—205）。

199 排版方式。
200 排版方式。
201 排版方式。
202 排版方式。
203 排版方式。

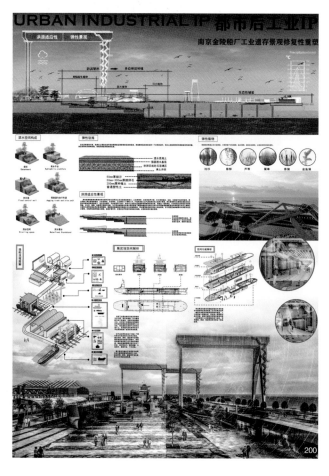

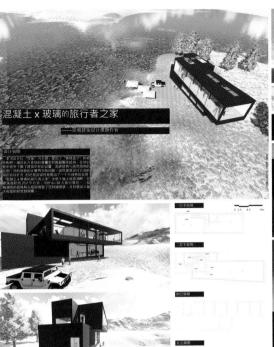

混凝土 x 玻璃的旅行者之家

——景观建筑设计课题作业

设计说明

本设计以"旅程"为主题，借由广袤自然广阔的环境特质，讲述女性体验的情感变形剧般的建筑特质。在明理构中体现了旅途的诗意状态，激越情绪与使用功能的表达。旅的主题设计情概等实施的空间。是提建筑设计方向的组织结构中方法。而还是要宜居情性塑造了一个人观体的白梦。混凝土 x 玻璃的旅行者之家，水感下地上清楚浮翔，还律容有约 253 平方米，可供 6~30 人旅行居住。二层临湖流的质感和玻璃照等广空间的通透性，开拓景观上观大视觉的观型的观景。

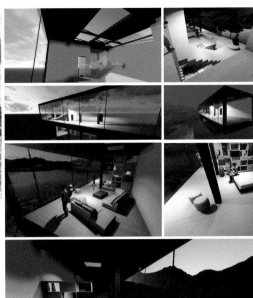

一层平面图

二层平面图

南立面图

东立面图

0 1.5 4.5 9m

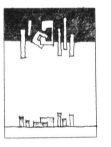 

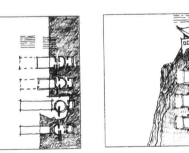

 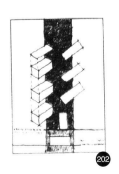

 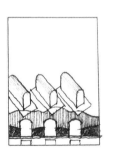

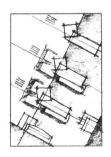 

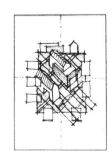 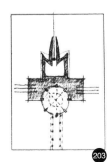

103

Chapter 1　景观设计学与景观设计的概念

Chapter 2　景观设计的内容与尺度

Chapter 3　景观设计的思维建构

Chapter 4　城市景观设计的方法

Chapter 5　城市景观设计的表达

Chapter 6　城市类型景观设计概要

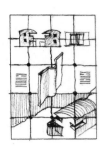

204 排版方式。
205 排版方式。

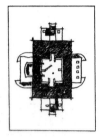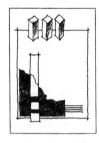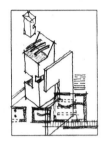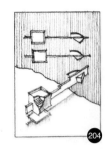

204

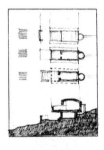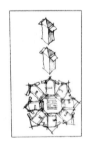

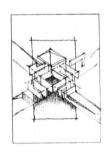

205

课堂思考

1. 景观设计表现分为几种形式？
2. 概念设计表达的意义何在？
3. 一套完整的景观设计图纸包括哪些图？

知识链接

城市景观设计的表达

Chapter 6

城市类型景观设计概要

🔍 **学习目标**

- -

根据类型来了解城市景观的设计内容与设计要点,主要从公共环境、教育环境、办公环境、医疗环境、居住环境、商业环境、娱乐环境、纪念环境以及其他环境景观设计等九个类型来学习。

🔍 **学习重点**

- -

学习城市类型景观设计的设计定位与设计要点,理解类型景观的设计异同点,通过案例熟悉类型景观的表现特征与基本设计方法。

城市景观设计的对象非常广泛,从城市广场到城市道路,从住宅小区到校园设计。这些对象林林总总,在做设计时,可以先按照类型来进行划分,清晰每一种类型景观的设计内容与设计要点,熟悉每一种类型景观的设计定位与重要特征。

首先,我们需要理清几个概念。

类型:事物按照共同的特征所形成的种类。

类型学:关于客体的类型的哲学方法论学说和具体科学的学说,也是一种分组归类方法的体系。这些类型是按客观的本质属性、关系、联系及结构属性划分的。这种分组归类方法因在各种现象之间建立有限的关系而有助于论证和探索。

建筑类型学:罗西等人的类型学方法认为一种特定的类型是一种生活方式与一种形式的结合,设计就是要抽取出那些特定的建筑形式,并去寻找生活与形式间的对应关系。建筑类型学对这些对象进行概括、抽象,并将历史上的某些具有典型特征和类型进行组合、拼贴、变形,或根据类型的基本思想进行重新设计,创造出既有"历史"意义,又能适应人类特定的生活方式,进而可以根据需要而进行变化的建筑。类型学设计方法的实质在于辩证地解决了"历史""传统"与"现代"的关系问题。它是从人类生活的文化角度来观察传统,而非局限于实用角度。

类型学作为一种方法,可以表现为一种概念或图式,但它并非可复制的模型,而是一种内在结构,人们依照这种结构概念进行变化和演绎,结合具体条件创造设计形态。

类型景观设计:按照具有共同特征的环境与空间进行划分与归类,以明确不同类型环境的共同属性与设计要点，在获得感性认识的基础上研究特定类型景观的设计方法。

一、公共环境景观设计

城市公共环境的含义：狭义的城市公共环境主要是相对于建筑室内环境来说的，指城市户外空间与场所。其范畴既包括天空、山脉、地形、水面、河流、树木、草地等自然景观，也包括城市外部空间、道路、桥梁、广场、建筑物、构筑物（雕塑、小品等）、公共设施（座椅、花坛等）、广告标识等人造景观。

作为"生活的容器"，广义的城市公共环境设计包括户外开敞环境设计，城市广场和城市公园是城市公共环境重要的两个组成部分。随着近几年城市化进程中的城市更新项目增多，公共空间的城市微更新、社区生活圈改造也是公共环境的重要研究对象。

1. 城市广场

城市广场是城市公共环境的重要载体，通常是指城市居民社会活动的中心，广场上可进行集会、交通集散、居民游览休憩、商业服务及文化宣传等。城市广场是城市道路交通系统中具有多种功能的空间，是人们政治、文化活动的中心，也是公共建筑最为集中的地方。城市广场体系规划是城市总体规划和城市开放空间规划的重要组成部分，其内容包括：城市广场体系空间结构，城市广场功能布局，广场的性质、规模、标准，各广场与整个城市及周边用地的空间组织、功能衔接和交通联系。

表 6 城市公园类型

城市公园类型		
1. 城市综合性公园	2. 居住区公园	3. 专类公园
市级综合性公园 区级综合性公园	社区公园 邻里公园 居住小区公园	风景名胜公园 植物园 动物园 历史名园 主题公园 博览会公园 雕塑公园 运动公园 滨河公园 森林公园 湿地公园

107

Chapter 1 景观设计学与景观设计的概念　　Chapter 2 景观设计的内容与尺度　　Chapter 3 景观设计的思维建构　　Chapter 4 城市景观设计的方法　　Chapter 5 城市景观设计的表达　　Chapter 6 城市类型景观设计概要

2. 城市公园

城市公园指城市中向公众开放，具有一定游憩设施和服务设施，具有休闲娱乐、健全生态、美化环境、防灾减灾等综合功能的绿化用地。

作为城市主要公共开放空间，它不仅是居民的休闲游憩活动场所，同时也是市民大众文化传播的场所，作为现代城市重要的绿色基础设施，城市公园在社会、文化、经济、环境以及城市的可持续发展等方面都具有重要的作用（表6）。

3. 公共空间

当前的城市更新更侧重于解决由于快速城市化和城市基础设施缺乏引发的城市问题。城市更新是通过改善环境质量和服务效率来关注公众支持、社区环境等问题，目的是提高社区的生活质量。通过系统组织公共空间，城市景观设计可创造多样化的公共空间，不同的绿地、人行道、标识等系统可塑造不同的城市景观和城市风貌，从而提高城市公共空间品质。

公共环境设计原则分为整体性原则、人性化原则、多样化原则、生态性原则和人性化原则。

城市公共环境是面向公众开放的环境，人是公共环境的主体，城市公共环境设计的最终目的就是运用社会、经济、艺术、科技、政治等综合手段，来创造优美、舒适的生活环境。因此，要从人的生理层面、心理层面和行为层面这三个层面来考虑城市公共环境设计。

西安市小雁塔历史文化片区广场设计：

西安小雁塔作为世界文化遗产，其关联遗存积淀了唐长安城文化记忆，见

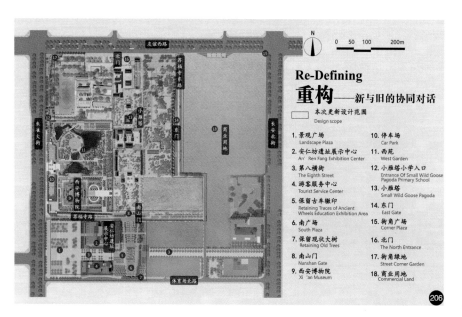

206 西安市小雁塔历史文化片区广场设计平面图。

109

Chapter 1 景观设计学与景观设计的概念　Chapter 2 景观设计的内容与尺度　Chapter 3 景观设计的思维建构　Chapter 4 城市景观设计的方法　Chapter 5 城市景观设计的表达　Chapter 6 城市类型景观设计概要

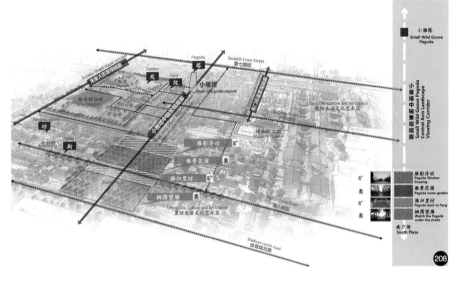

207 改造后的空间序列: 以"小雁塔与塔影"作为空间创作原型。

208 控制整体风貌, 构建"街—坊—院—塔—苑"的特色景观序列组织空间。

209 小雁塔景观视廊。

证了其历史变迁。项目所在场地属于小雁塔历史文化保护片区, 景观概念方案设计涵盖核心区中的西小苑、西苑、小雁塔南广场及周边街道界面。

过去, 小雁塔景区与周边城市功能缺乏整体联动, 景观风貌杂乱, 历史空间格局遭到一定破坏, 加之基础设施配套不足、街道步行体验差等问题, 小雁塔历史片区在城市发展中面临着边缘化与没落的困境, 逐渐从繁华的唐都城核心演变为与周边社区发展不协调的城市老旧区。

如何平衡现代城市发展与历史街区遗产保护的关系? 设计师如何通过转型升级实现历史街区空间的活力复兴与现代重塑是设计的关键议题。提出"重构——新与旧的协同对话"的总体愿景, 以景观作为"重构"空间秩序的低干预手段, 重新构建场地与文物、城市、自然和人的关系, 在新与旧的协同对话中, 梳理景观空间序列, 对整个街区进行织补与整合。

策略 1: 重构与历史文物的关系

项目的重要创新在于, 文物不再是一个被框定的状态, 而是旨在与更广泛的空间产生联系。对片区内系列空间的整体风貌控制, 以小雁塔文化精神为统领, 以景观的手法整合织补历史街区空间序列。同时通过特色植栽控制景观轴线主基调, 品种选择上, 延续核心区现状自然式种植风格, 亦是古时植栽意境的延伸。

其次, 以创新式现代手法转译传统空间, 构建"街—坊—院—塔—苑"的特色景观序列组织空间。街道界面保留现状大树, 将空间序列的起点引向南广场和小雁塔的中轴线。主轴线序列开合有致, 南广场"栖荫望雁"区域旨在构建林荫下的静思空间, 于此遥望, 感知小雁塔独特的场所精神。看与被看, 设计团队精心构建了多方位的小雁塔观景视廊。

策略 2: 重构与城市的关系

设计拓宽原有 1.5m 人行道至 3m, 结合不同城市功能界面采用相应的设计策略, 营造舒适的步行体验, 增强空间归属感。

策略 3: 重构与自然的关系

改造后, 小雁塔核心区南侧的西苑, 不仅是一个良好的观塔空间, 而且形成了一个功能完善的海绵系统。项目团队选用本土自然植物群落, 将西苑内景观湖周围 500m 的硬质驳岸改造为生态驳岸。湖面结合生态湿地, 为鸟类、两栖动物和微生物提供生存环境, 促进了生物多样性。场地内设置了植草沟、生态树池及雨水花园等一系列绿色海绵设施, 建立起调蓄城市雨洪的弹性海绵; 引入一系列生态友好铺装, 例如透水铺面、生态竹木及透水砾石铺装。

策略 4: 重构与人的关系

小雁塔南广场创造了 14849m² 活动广场, 引入了 3 种促进社交的特色长凳以及 1 条贯通南广场的无障碍坡道。人行道的拓宽与特色长凳的置入, 也为学校附近的等候小孩放学的家长们提供了一个舒适的社交休憩空间。设计希望实现小雁塔从文化景区到生活场所的转变, 作为一个承载民众日常的新生活场所, 一个与当下在地居民建立情感联结的文化记忆空间。

该项目为历史街区的现代化更新提供了一个更广阔的视野, 从整体规划到空间设计, 系统性阐述了将景观作为一种低干预手段, 如何 "重构" 空间秩序, 重新构建历史街区与文物、城市、自然和人的关系。在新与旧的协同对话中, 实现了传统性历史街区空间的现代重塑与活力复兴, 为历史街区有机更新实践提供了前瞻性和示范性的经验 (图 206—209)。

"桃浦中央绿地" 位于上海市普陀区, 它是桃浦智慧城市的统一元素, 桃浦智慧城市是上海西北部的一个新开发项目, 致力于创建一个活跃、充满活力和多功能的科技中心。从 1950 年到 1997 年, 此地块主要是化学、制药和轻工业用途的场所, 并且是上海市污染最严重的地区之一。桃浦中央绿地打破了中国许多公园的模式, 保留了基础的道路设施, 同时仍然创建一个大型连续的公园, 优先考虑行人安全, 加强邻里联系, 并创建栖息地和野生动物走廊。

所有经过该场地的道路都被修改, 以创建一个连续的公园和城市栖息地。鼓浪路上面建有一个土坡, 从顶部形成一个观景台, 下面有一条连接东西向交通的隧道。集成的路径网络将零售、地下商业区和文化空间与公园特色和街景连接起来, 从而实现两者之间的平稳过渡。通过对路径网络、雕刻地貌、植被、设计的水系和规划进行深思熟虑的分层, 桃浦中央绿地整合了许多特征, 每一层都在创造动态和引人注目的景观中发挥作用。瞭望塔嵌套在树冠中, 灵感来自传统宝塔的弯曲几何形状, 向上拱起, 设有观景台。森林内的瞭望塔让人们可以通过螺旋楼梯爬到山顶, 感受被大自然包围的感觉, 并享有城市和公园本身的独特景色。

桃浦中央绿地以湿地为中心特色, 在上海频繁的雨水和高地下水位中, 在城市与水之间建立了新的关系。在表演和教育镜头之外, 游客有很多方式可以体验水: 从柔软的湿地到岛屿, 到休闲湖泊, 再到更具雕塑感的城市码头。

210 桃浦中央绿地。

211 桃浦中央绿地连续绿公园系统。

212 桃浦中央绿地细部。

210

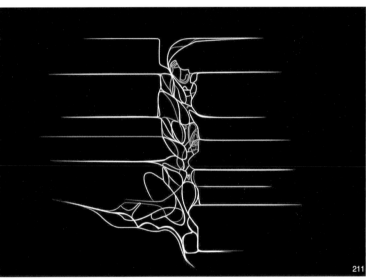

211

212

111

Chapter 1　景观设计学与景观设计的概念

Chapter 2　景观设计的内容与尺度

Chapter 3　景观设计的思维建构

Chapter 4　城市景观设计的方法

Chapter 5　城市景观设计的表达

Chapter 6　城市类型景观设计概要

原木堆、攀岩杆、滑梯和攀爬网都允许孩子们在专门为他们设计的游乐场玩耍。一个占地0.96km²的戏剧性的公园,重新定义了城市与水的关系,在密集的城市环境中提供了大自然的感觉,并通过栖息地、水、事件和展示的空间支持21世纪的大都市生活。(图210—212)

嘉定中央公园位于上海市嘉定区。嘉定公园将湿地和林地栖息地与0.7km²的休闲和喘息区相结合,为邻近的交通导向型开发项目提供了绿肺。它小心地减少横向道路的数量,并纳入人行天桥,允许行人沿着大约12.87km 的非机动用途的路径实现整体连续性。景观设计师的地形分级和重新种植本地物种的策略使曾经被藻类堵塞的运河变成了充满生物多样性的清澈水道。

嘉定中央公园在周边城区开工建设之前就已建成,是新开发的催化剂。嘉定中央公园与区域公共交通网络相连,地铁约45分钟行程时间即可将公园与上海市中心连接起来。整个公园有 17km 的小径和木板路,在多个点与相邻的住宅区相连,以方便出入。沿途的广场为节日、音乐会和农贸市场提供了机会。公园内 6500m² 的开发项目设有餐厅、茶馆、书店、艺术画廊和其他公共项目,以创造一个文化集群。驻地艺术家计划在公园内提供工作室空间,

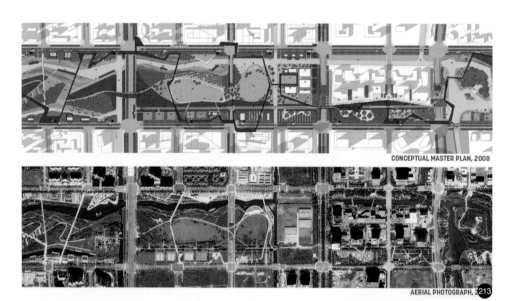

CONCEPTUAL MASTER PLAN, 2008

AERIAL PHOTOGRAPH, 213

213 嘉定中央公园平面图。

214 嘉定中央公园功能分区。

215 嘉定中央公园湿地。

New mixed-use development
under construction

Jiading Central Library
under construction

Under Construction

Future Development

Jiading Book Store

Teahouse

Amphitheatre

Artist Studios
studio rental space

214

215

113

Chapter 1　景观设计学与景观设计的概念

Chapter 2　景观设计的内容与尺度

Chapter 3　景观设计的思维建构

Chapter 4　城市景观设计的方法

Chapter 5　城市景观设计的表达

Chapter 6　城市类型景观设计概要

为当地新兴人才创造知名度。

　　一条 3.2km 的线性运河形成了公园的骨干。在这里，湿地改善了水质，支持了河岸栖息地。密集的绿色覆盖物，有些是人类无法进入的，为野生动物创造了避难所。如今，嘉定中央公园是这个迅速扩张的片区中一个备受喜爱的开放空间，推动房地产价值，吸引居民，并成为该地区的象征中心（图 213—215）。

　　永庆坊位于广州老城中心地带的恩宁路。这条老街在晚清开埠的时候曾经是南部中国的经济核心区域。在解放后恩宁路逐渐破败，荣光不在。近年来，恩宁路的主街被逐渐开发成了老字号一条街，主打文化旅游。虽然主街成了旅游景点，但是两侧的小巷以及周边的社区仍然是一个无人问及的贫民窟。为了解决场地问题，设计师将复杂的场地分成了三个系统：流线系统、文化节点系统以及自然节点系统。流线系统通过独特的历史铺装连接不同的建筑物与周边的社区，文化节点系统形成人们聚集的所在，空中自然节点系统在屋顶营造了一个绿意盎然的空间。同时，设计师有效地利用了场地的废料，如瓦片、青砖、麻石以及木材，并将它们变为景观元素，变废为宝，通过环境可持续的策略实施，以重现旧城生活并减少负面影响。凭借一系列针对具体案例的措施，永庆坊成为老城区微改造方式的成功示范（图216—220）。

216　永庆坊鸟瞰图。

217　永庆坊设计说明图。

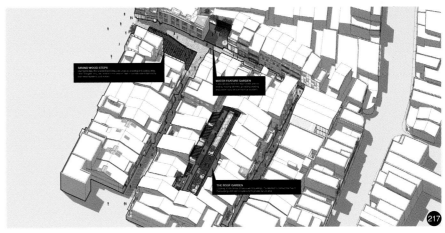

218 永庆坊现状一。
219 永庆坊现状二。
220 永庆坊夜景。

知识链接

公共环境景观设计

二、教育环境景观设计

教育环境主要指校园环境的设计。校园环境的设计，包括外部开敞空间和内部驻留空间的设计，校园环境主要是指建筑基底以外的、包括自然环境和人工环境在内的室外空间场所。外部空间配套功能要素主要包括外部空间休憩娱乐设施、服务功能配套、交通与集散功能配套、运动健身功能配套等内容。

开放性的、趣味性的、互动性的、教育性的环境设计，可以给学生提供相当好的交流空间、交往平台。这种交往是多方面的，包括室内外之间、平面的、立体的、垂直的。教育环境的景观设计目标之一就是让学生在环境熏陶中成长，达到"环境育人"的目的。

校园设计中应强调"以人为本"的思想，强调步行空间、人的尺度，以及人与自然、人与人的交流，除了最主要的教学空间，整个校园的学生生活空间都应作为一个整体受到重视，力求为学生创造一种安全舒适、多功能和具有弹性的环境空间，使学生的天性得以发挥，并能引导学生健康向上。

"溪上飞檐"设计案例所在的浙江音乐学院，是中国第10所独立设置的专业音乐教育高等院校。在十年前的设计竞赛之时，基于对当下常规的被围墙所包围的封闭式式高校格局的反思，主创建筑师朱培栋即尝试以"开放的音乐艺术公园"为空间场景的原型，并以"流动地景、隐山乐居"——这一地景化和聚落化的形式操作来跳脱传统的大学校园尺度和界面，寻求一种更具自由性和开放度的艺术院校建设新模式。

浙音校园建筑布局随用地形态，分为南北两大组团，形态特征鲜明。北侧是嵌在山地中的自然地景建筑，南侧的是人工边界明确的礼仪性空间，设计在中部留白，以流动的曲线形走道、蜿蜒的沿山渠和自然景观连接南北校区。通过对当年旧有设计意图的回溯，结合当下的校园内外发展的新需求，设计最终选址在校园中段原生态留白的沿山渠雨水花园处，以对场地最小干预的方式，新增嵌入一条线形的人行漫步系统。借由中国传统绘画散点透视的创作手法，转译古典园林"栈、廊、檐、桥"的空间元素，设计者尝试在折廊的纵深空间内，将多个视线焦点、空间形式以及行为场景进行叠合，使得人们在行走与观览中，获得迂回且多元的空间体验与阅读视角，意图实现这一板块校园既有低效闲置空间的激活，以及校园公共漫游体验的提升。

飞檐北侧以轻轻浮于地表的木栈道作引，衔接了沿山消隐、余音缠绕的音乐系楼；南侧则以单边悬挑的钢桥和台基收尾，直面线性匍匐、人间烟火的校园食堂，从而完形了望江山麓的自然步径，为校园师生和外来访客提供了穿林跨溪的校园南北步行新体验。

在校园中部边界，新生的"溪上飞檐"与已投用多年的"音谷云廊"双廊并行，融入校园中部自然山景，形成能够诱发多元日常行为的校园公共空间体系。

115

Chapter 1　景观设计学与景观设计的概念

Chapter 2　景观设计的内容与尺度

Chapter 3　景观设计的思维建构

Chapter 4　城市景观设计的方法

Chapter 5　城市景观设计的表达

Chapter 6　城市类型景观设计概要

221 "溪上飞檐"与"音谷云廊"形成跨越十年的东西对话。

222 折廊缓坡入水与茂密的水生植物。

223 海绵景观系统设计分析。

自然降雨
清风连廊
溪流
雨水旱溪
灌木缓冲带
草坪缓冲带

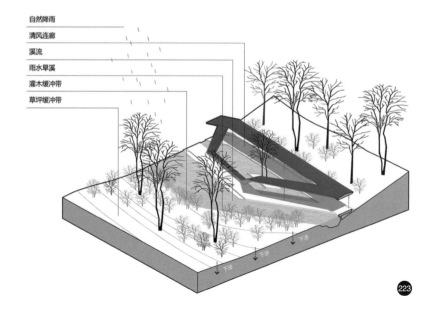

十年前的音谷云廊因应校园的整体理念，强调了曲线柔和的形态和流动地景的设计切入点，清水混凝土的坚实体量下蕴含木纹转印的细腻肌理，并在当下构成了校园微更新的既定设计基础条件。

新增东侧钢木折廊"溪上飞檐"与西侧混凝土连廊"音谷云廊"一轻一重，一虚一实，一折一曲，一柔一刚，以不同的方式，共同串联了校园南北，并在彼此的形式与地形、结构与材料上形成跨越十年的对话，完形了浙江音乐学院面向中部自然山体和缓坡地貌的消隐边界。在连廊之间，顺应校园的流动空间结构，景观呈现几何线性形态，景观道路与连廊像旋律与音符，引导着人群在校园间动态行进。

作为校园生态轴的重要节点，"溪上飞檐"以雨水花园理念，在对场地最小干预的原则下，原生的校园水系与山木溪草被保留并纳入空间设计，一座将生态可持续与景观艺术、行为参与相结合的校园海绵景观得以营造。溪水与校园中部的车行、人行道路及音谷云廊通过草坪、灌木缓冲带与旱溪景观带自然过渡，结合廊桥的隔水架空设计，折廊两侧自然缓坡入水，种植水生植物，自然降水经由植物、沙土的综合净化作用，水质得以改善，并逐渐下渗入土壤，涵养地下水并补给景观用水。

"溪上飞檐"为似乎已然画上休止符的浙音校园建设奏响了自由开放的新乐章，以校园基础设施的提升服务师生，同时整合自然资源与季节景观场景以惠及公众，并以新的形式、结构和材料，与原有的"音谷云廊"形成了饶有趣味的东西共话，完形校园中部线性休憩空间，联结南北区建筑组团，由此形成与城市开放共享、与自然相互渗透的公共文化艺术空间（图221—223）。

深圳东部湾区实验学校，设计之初是希望它能成为一个"书山叠院"和"田园绿洲"的活力校园。学校以成长为主线，以书山和田园为元素，营造孩子们学习娱乐相交融的互动空间，让孩子们如同向阳花一般种在"阳光"的掌心里，单纯而美好地健康生长。

室外景观空间的定义就不是教室里面规矩地一个挨一个形成矩阵排布的形式，已经跨越了班级的定义。它是不同年龄段孩子共享共融的公共空间，可以彼此学习和相互模仿，甚至营造出特定的自我思考的空间，完全跳脱出景观里栽什么树、种什么花、布置什么花架水景的内容，而且是打造一个陶冶性情全面发展的生活环境。

400m 的环形跑道和球场，承载着青春岁月里种种美好记忆。但千篇一律的运动场环境就像不停重复播放的一首单曲，听久了不免会发腻。

这所学校恰恰给了设计师创造不同的机会。原始的建筑规划中有一条 Z 字走向的长坡，就像是群山中若隐若现的环山登山道。Z 形趣味坡道正呼应心中的抽象近山和学校远处的远山（图224—226）。

知识链接

教育环境景观设计

224 东部湾区实验学校。

225 多样化手法创造了丰富的校园环境。

226 操场旁的休息座椅与花池。

三、办公环境景观设计

办公环境设计，要兼具整合概念与个性意识。它既包含着促进工作效率、展示企业文化的功能，也显示对员工社会性生活的尊重。其设计的成功本质在于对整体办公环境的理解。办公外部环境是指在办公建筑这个特定的建筑性质引发的环境氛围辐射下、隶属于城市环境、主要为办公建筑使用者提供行为活动场所的外空间环境，因此，它并不属于城市公共空间，不对所有城市公众开放（特殊时间和临时开放不在此文研究范围内）。

从功能方面讲，特定建筑的外部空间，一方面要承担该建筑的部分使用功能，满足使用者特定的户外活动要求；另一方面，办公建筑外部空间又属于城市空间体系中必不可少的组成部分，在景观、生态、文化等方面，对于整体城市空间体系和空间特征具有不同程度的影响。

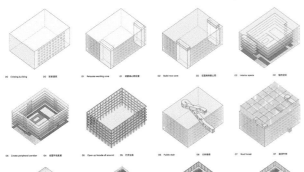

119

Chapter 1 景观设计学与景观设计的概念

Chapter 2 景观设计的内容与尺度

Chapter 3 景观设计的思维建构

Chapter 4 城市景观设计的方法

Chapter 5 城市景观设计的表达

Chapter 6 城市类型景观设计概要

由MVRDV设计改造的"if工厂"前身是深圳南头城中村内的一座服装工厂。相较于拆除和重建，MVRDV从可持续的角度对原有建筑进行改造再利用，将其升级为一座"创意工厂"，用于万科城市研究院的办公空间和其他创意办公租赁。除了办公功能，MVRDV在建筑内部置入一条贯穿上下6层的大楼梯，人们可以通过楼梯直达屋顶。屋顶以竹林为墙，编排出多样的活动空间，MVRDV为每个空间赋予了不同的活动设施和内容。

MVRDV的设计方案并不是对废弃厂房的拆除和重建，而是对其进行可持续性地翻新，一方面保留了南头的历史记忆；另一方面，改造产生的隐含碳要远远低于新建的建筑。MVRDV加强了建筑原有的结构，在顶部增加了一层楼板，增大使用面积；同时拆除了原有的外墙、暴露出混凝土结构，向人们揭开建筑的历史痕迹。新的立面从原结构的边缘向后退，退让出环绕整座建筑的开放式走廊，人们可以在廊道上穿行、驻足聊天、欣赏南头的风景，享受充满活力和创意的办公环境。

"if工厂"紧挨着一座小广场，MVRDV在面向广场处设置了一个木饰面的管状入口，入口连接着公共楼梯，楼梯如隧道一般贯穿整座建筑物，成为一条独特的步行路径。楼梯内采用全镜面的材料，装饰着五光十色的霓虹灯，呼应深圳早期的街市风貌。楼梯到达四层时"冲破"外立面和室外走廊，延伸出一段半圆形的转角，人们在这个转角空间可以饱览周围的风景，随后即可转向继续登梯，直到屋顶。

通过楼梯到达屋顶，一片竹林即刻映入眼帘，竹林中穿插设置了分门别类的活动区，容纳不同的活动和内容，形成一个竹墙"迷宫"，其中包括用于表演和活动的玻璃"盒子"空间、休憩区、健身房、蹦床、秋千、茶室、互动式舞台和一面国际象棋的大"棋盘"。竹林屋顶为"if工厂"赋予了更高的生态和社会可持续性：一方面，竹了为户外空间带来荫庇和凉爽的温度，在高密度的城市环境中保护了生物多样性；另一方面，竹林中设置的多元活动空间也为原本相对拥塞的城中村提供了快乐的社交和休闲空间（图227—229）。

227 屋顶以竹林为墙，编排出多样的活动空间。

228 设计步骤示意。

229 竹子为屋顶的户外空间带来荫庇和凉爽，兼顾生物多样性、社交和休闲空间。

作为大工业遗存活化利用的优秀案例，北京 UCP 恒通国际创新园前身是 1987 年成立的北京松下彩色显像管有限公司厂区，是中国工业化道路上不可忽视的历史遗存。随着城市产业的调整升级，厂区需要完成由单一制造业到多元化第三产业的职能转变，达成新的变革转型。资源盘活和再利用是一个长期的过程，八年的持续跟踪研究和改造更新，UCP 园区以"文化创新、结构创新、赢利创新"为核心，结合"多元化产业结构形态、分期分步开发、景观环境艺术化、建筑利用容量平衡"四个维度，聚焦"工业遗产整体环境规划、公共空间对文脉的承继及遗产价值的识别与评估、单体遗存空间的适应性再利用"三点活化策略，打造可持续性的工业遗产经济自循环系统；同时结合 UCP 园区运营实时情况，定期对园区内现有陈旧资源进行盘活利用，最大限度发挥陈旧资源价值的效用。

改造更新后的 UCP 园区，最大限度地保存大空间、低密度的空间特色及原有的工业风貌特色，将大工业遗存与创新环境高度融合，是目前北京市面积规模最大的文化创意产业园区，2018 年成为北京市首批认定的"腾笼换鸟"产业升级示范园区。

UCP 园区改造更新最大的特色就是保持了规划设计的一体化执行，通过"策划定位、概念规划、园区景观改造设计、园区自营建筑改造设计、景观艺术介入、门头外围形象、导视系统、空间管理手册"一体化改造更新，全过程的专业把控，最大限度地保护和挖掘老旧厂区原有的价值。针对厂区原有空间结构，UCP 园区重新划分"文化艺术展览展示、文化产业营销结算、电影导演创作、国际企业文化博览、信息传媒、综合配套"六大中心区域（图230—232）。

230 UCP 园区低密度的空间特色及原有的工业风貌特色。

231 集装箱建筑。

232 改造后的老厂房。

知识链接

办公环境景观设计

四、医疗环境景观设计

医院,一个与生命密切关联的场所,是不同于其他公共建筑的特殊场所,生命的延续、生命的挽救均与医院联系在一起。由于医院常常与病痛相关,人们对医院有一种天生的恐惧感。在人居环境不断改善的背景条件下,人们对于医疗设施的要求也有所不同,医疗设施品质的改善与提高,不止停留在医疗功能的完善以及功能配套,医疗服务的内涵也已扩展到人们对医疗环境品质的追求。

良好的室外环境视觉、生态要素和环境氛围的营造是医疗环境品质提升的关键因素之一,而后者则是需要景观设计语言来解决的问题。

皇冠空中花园坐落在美国芝加哥市中心,是这座 23 层的儿童医院里病人、家属、医生和管理人员的乐园。这个空中花园是建立在科学研究的基础之上的,把自然之光和冥想沉思的空间与病人的康复时间联系起来。这一再生的项目为医疗保健设计提供了新的范式,该设计把康复花园整合为这些制度环境内医疗保健的一部分。这个花园坐落在一个玻璃温室里面,由一系列光的互动元素、彩色的树脂墙和当地回收的木材元素里面的声音来界定。曲折的竹林围着线状的玻璃珠喷泉,从地板到屋顶的玻璃窗都与芝加哥市中心的冥想风光毗邻。这个花园涵盖了一系列个体的和集体的空间,满足了有免疫缺陷的儿童的需求,同时又提供了一个拥有发现与创新的空间(图233、图234)。

Ulfelder 康复花园将景观设计中的两个现代化趋势结合起来:绿色屋顶和医疗景观。该花园位于马萨诸塞州综合医院 Yawkey Center 的第八层楼上,为患有癌症和其他重病的病人提供临床护理。这个康复花园是由 Halvorson Design 事务所与 Yawkey Center 的建筑师 Cambridge Seven 事务所合作完成,是病人、家人、朋友和护理人员的庇护所。这个花园附近是儿童癌症设施,与候诊室、机械、治疗隔着一个绿洲——人们可以在此聚集、谈话、沉思和获得安慰(图235、图236)。

②33 作为康复花园的皇冠空中花园。
②34 色彩清新的花园采用流线形式。
②35 美国马萨诸塞州综合医院的 Ulfelder 康复花园。
②36 Ulfelder 康复花园充满了可以享受自然的元素。

知识链接
医疗环境景观设计

121

Chapter 1 景观设计学与景观设计的概念

Chapter 2 景观设计的内容与尺度

Chapter 3 景观设计的思维建构

Chapter 4 城市景观设计的方法

Chapter 5 城市景观设计的表达

Chapter 6 城市类型景观设计概要

五、居住环境景观设计

居住区景观的设计包括对基地自然状况的研究和利用,对空间关系的处理和发挥,与居住区整体风格的融合和协调。包括道路的布置、水景的组织、路面的铺砌、照明设计、小品的设计、公共设施的处理等等,这些方面既有功能意义,又涉及视觉和心理感受。

其功能主要是满足社区的人车流集散、社会交往、老人活动、儿童玩耍、散步、健身等需求,为居民的使用提供方便和舒适的小空间,使居住环境显得休闲、轻松。在进行景观设计时,我们应注意整体性、实用性、艺术性、趣味性的结合。

由马岩松带领的 MAD 建筑事务所发布首个社会保障性住房——百子湾公租房(燕保·百湾家园)。项目位于北京市东四环外广渠路,紧邻地铁 7 号线化工站,遥望 CBD。项目占地 9.39 万 m²,总建筑面积 47.33 万 m²,共有 12 栋住宅楼,总住户达 4000 户。

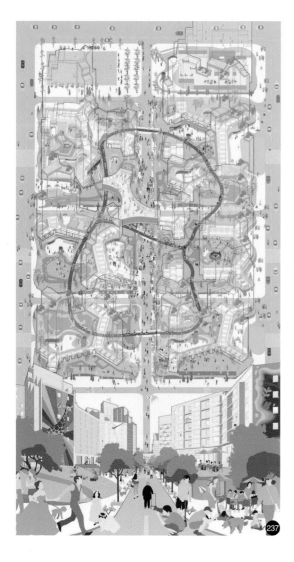

237 社区生活融入城市,城市尺度更加宜人。

238 各个层级拥有不同尺度的景观。

239 二层平台上的活动空间。

123

Chapter 1 景观设计学与景观设计的概念

Chapter 2 景观设计的内容与尺度

Chapter 3 景观设计的思维建构

Chapter 4 城市景观设计的方法

Chapter 5 城市景观设计的表达

Chapter 6 城市类型景观设计概要

MAD 建筑事务所从 2014 年开就始进行社会住宅研究,以"社会住宅的社会性"为议题,调研各国社会住宅的历史发展和设计。MAD 希望能够在具体实践中突破常规,用设计推动中国社会住宅创新,让空间和建筑服务于人,庞大的社区消融于城市和居民的生活,唤醒住宅的社会性,解决目前中国城市快速发展中关于居住的一系列具体问题。

打开社区围墙,引入城市道路。12 栋住宅楼被分成六个组团,一个大地块被拆分成六个小街区。首层临街空间作为生活服务配套,将引入便利店、咖啡店、餐厅、幼儿园、便民诊所、书店、养老机构等一系列丰富的功能,社区生活融入城市,城市尺度更加宜人。

首层功能还给城市后,设计师将二层留给社区居民内部使用,形成一系列立体的屋顶绿化,一条环形跑步道将六个街区再重新环抱成一个整体,变成一个巨大的公园,串联着健身房、羽毛球场、儿童游乐场、生态农场、社区服务中心等多种面向住户的社区功能。

除了二层"飘浮"公园外,设计师在首层、建筑各个错层、半开放灰空间以及屋顶都留有不同尺度的景观,在城市中心较高密度的保障性住房的设计中,也保证绿化率达到 47%,让在这里居住的人们能享受更舒适的生活,更加贴近自然(图 237—239)。

Kronish House 位于美国加利福尼亚州比弗利山庄日落大道旁。Kronish House 于 1954 年为房地产开发商及其家人建造,到 2011 年,房屋和景观遭受了多年的修改和忽视。在整个修复过程中,建筑师和景观设计师团队参考了关于房屋内部、立面和景观的历史照片,以删除非原始组件并恢复 Neutra 设想的空间。房屋的原始设计在内部和外部空间之间具有独特的联系,包括大型滑动玻璃门、宽敞的露台、深悬和伸出景观的蜘蛛腿柱和梁支撑。一系列独特的植物将一个废弃和杂草丛生的地方变成了城市野生动物的郁郁葱葱的绿洲,现在展示了南加州花园可用的植物生命的多样性。

用于建筑历史修复的相同方法可以应用于景观修复。以保存为目标购买房屋的客户可以按照 Neutra 的原意体验房屋和景观,同时还可以通过实施郁郁葱葱的花园来满足植物学的好奇心,从而促进对场地的充分利用(图 240—243)。

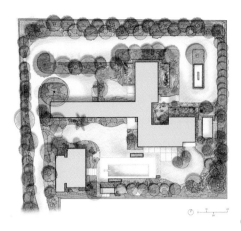

240

241

242

243

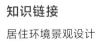

知识链接
居住环境景观设计

 240 Kronish House 平面图。
 241 Kronish House 植物。
242 Kronish House 室内。
 243 Kronish House 泳池。

六、商业环境景观设计

　　商业环境是人们从事购物活动的场所、空间。商业环境在城市生活环境中占有重要地位，在商品经济社会里，购物活动已成为人们日常生活的重要组成部分。商业环境由于在城市中的位置不同、服务对象不同，形成的外部形象、空间特征以及环境特点有很大差异。

　　商业环境的主要形式有步行商业区、室内商业步行街、综合购物中心等。

　　银杏里文化商业街区设计位于南京乐山路北端，周边文化教育用地鳞次栉比。但现有的公共广场尺度巨大，除绿化和硬质铺装外，几乎没有可以供市民停留和使用的配套服务设施，因此平常几乎门可罗雀，公共建筑的公共性无法有效建立起来，文化设施的文教功能也没有被最大限度地激活。

　　于是设计师尝试采取结构主义建筑的策略，探讨以单元模块组合的方式来创建整个街区。结构主义的基本方式是采用小尺度构建相同的基本结构单元并形成空间序列，来容纳和限定不同的功能。同时结构主义建筑也强调灵活性，强调结构空间体系与人的行为的关联和限定，结构体系应该诚实表现在内部和外部的形式设计中。

244 银杏里文化商业街区鸟瞰图。
245 银杏里文化商业街区景观空间。
246 银杏里文化商业街区夜景。

知识链接

商业环境景观设计

125

Chapter 1　景观设计学与景观设计的概念

Chapter 2　景观设计的内容与尺度

Chapter 3　景观设计的思维建构

Chapter 4　城市景观设计的方法

Chapter 5　城市景观设计的表达

Chapter 6　城市类型景观设计概要

从场地现状来看，广场上大量种植的呈行列式状的银杏树和樱花树因为时间的原因都已颇具规模，作为配套的新建街区一定是陪衬和配角的姿态，所有设计采取"树林下的花海"意向来呼应场地及周边的重要的文化建筑。设计首先确定六边形为基本形态，这是因为六边形便于向各个方向进行组合；其后再对其进行切割和变形，最终形成抽象的"花"的意向，"花"以伞状的薄壁钢结构为支撑，向六个方向打开。广场通过结构杆件以及辅助杆件的划分和布置，形成具有美感的基本单元，单元同功能和结构高度匹配，加之色彩的运用，就为文化街区丰富的变化打下了良好的基础。

采用单元组合的方式进行设计的另外一个原因就是项目本身所要求的临时性。单元式的设计可以在工厂进行预制和加工，然后在现场进行焊接和拼装，非常绿色和高效。这种方法在施工过程中对现有场地的干扰应该是最小的，也有利于以后中心广场进行地下空间开发时的拆除和回收（图244—246）。

七、娱乐环境景观设计

随着生活质量的提高，人们越来越渴求更多的机会来休闲娱乐、释放感情、松弛身心。休闲娱乐环境包括观赏性的体育活动场所、健身、餐饮，文化机构和游乐园等。

娱乐休闲环境的最新走向是把多功能融为一体的大型综合娱乐中心，即将娱乐、购物与餐饮融为一体。综合性娱乐休闲环境包括以电影院、剧院、游乐场、购物中心、运动场、健身中心以及商业街、美食街为一体的集合建筑群，充满生机与活力，并给人极强的视觉感受。

娱乐环境包括内部环境和外部环境，内部：休闲型——酒吧、茶馆、咖啡厅、电影院等，运动型——游泳馆、保龄球馆、溜冰场、舞厅等；外部：主题乐园、游乐场、海滨沙滩等。

万创云汇One Base万科运动社区位于深圳。地块因未来地铁路线规划，暂时不施工开发而闲置下来。万科为了让"临时用地"不"临时"，决定赋予它鲜活的运动理念，为城市提供更加便利、丰富、健康自然的生活体验。

秉持着对自然生灵的敬畏，业主在设计之初便明确了需要最大程度保留场地原有树木，结合大树设计空间，三棵桃花心木便形成绿荫下的"栖息"之地，以此为原点，也成为了城市新面貌与旧记忆的一种碰撞，大树即成为城市界面视觉焦点，同时也是聚散广场处的休憩之地。

此外，设计师通过无界的方式联系起三种社群的场域，融合篮球竞技、滑板、BMX的一个能量运动场，是年轻人散发活力，展现未来young趋势。环道串联起滑板场与篮球场。

向上塑造的地形形成了场地高差，结合场地特点，让弧形的挡土墙成为儿童聚集玩乐的区域，树下的花瓣装置提供家长看护陪同的休闲空间。同时，适当模糊的留空,可以让场地有自发生长的空间,为绿地规划了多种模式,让不同人群、不同季节性活动,带来不可预知的惊喜。贯穿功能场所的跑道犹如一条充满线索的游戏导向路线图,穿梭地形之间、场地之间,为跑者增加不同维度的趣味跑步体验感受。道路部分从场景再造、功能补入、景观延伸入手,使跑道以及场地环境融为一体。

万科运动社区公园是在城市公共空间的一次设计尝试实践,设计师畅想公园与城市、居民的融合,用公园模糊工作与生活的边界,设计回应新生代人群对颜值、探索、互动的需求,希望能开启城市年轻化生活界面的新篇章(图247—250)。

247 万创云汇 One Base 万科运动社区鸟瞰图。

248 万创云汇 One Base 万科运动社区入口广场。

249 万创云汇 One Base 万科运动社区运动区。

250 万创云汇 One Base 万科运动社区草坪。

247

248

249

250

知识链接
娱乐环境景观设计

251 作为城市公共空间容纳历史记忆与当前生活的场所。

252 场地中心是椭圆形的纪念广场，寓意着中国抗战胜利和"圆满"的愿景。

253 胜利之墙象征着中华民族"浴火重生"的历史记忆，并成为开阔绿色广场日夜的主要景观。

八、纪念环境景观设计

纪念性环境是以表彰历史人物和纪念重大历史事件为主题的环境艺术及其创作手法，包括纪念性建筑与纪念性空间。纪念性环境的范围包括纪念堂馆、纪念碑柱、纪念广场等，一般都具有庄严、永恒的形象特征，其位置多处于历史事件发生的地点或人物出生、居住、工作的地方，或其他特殊环境中。纪念性建筑按性质一般可分祭奠性、表彰性、歌颂性、记史性和思考性等。

侵华日军南京大屠杀遇难同胞纪念馆三期扩容工程建设为了纪念侵华日军 1945 年 9 月 9 日在南京投降事件，凸显抗战胜利的主题。构思立意为胜利、圆满的情感表达。

纪念是一个城市记忆的延续。"断刀、纪念广场、死亡之庭、祭祀院落、和平公园"。塑造了江东门纪念馆完整的叙事篇章，是南京重要的城市记忆。三期新馆作为纪念馆的扩建工程，不仅补充城市功能、延伸参观流线、凸显不同主题的情感氛围，更是延续了城市纪念。新建部分着重叙述抗战的艰苦历程，表现胜利的喜悦，传递人类对和平圆满的愿景。

和而不同是方案的定位，建筑的整体形态与二期融为一体，也以更加开放包容的姿态、亲切自然的方式融入城市生活。覆土地景式的建筑形态削弱对周边城市建筑和空间的压迫感，柔和的建筑曲线与绿色的树木草地相得益彰、宁静平和。新馆立面延续灰色调，面对城市空间排列着清水混凝土柱，亦展现了新馆的纪念性特征。

场地中心是椭圆形的纪念广场，寓意着中国抗战胜利和"圆满"的愿景。整个建筑物呈现谦逊柔和的空间形态，是一个融于城市生活的绿色公园。其中，一条"胜利道路"穿行其中，象征抗战胜利的艰难历程。纪念广场的四周地形微微隆起，形成半围合的空间，结合绿树设置屏蔽了部分城市干扰，保证广场的安静与私密，也为公众提供了一处亲切的放松游憩场地。人们在内可以休憩、奔跑、漫步、交流，怡然自得。

当需要举办大型纪念活动时，整个椭圆形广场亦可容纳 8000 人集会。广场的北面设有小型讲演台，供集会活动的时候使用。广场三面的抬起斜坡场地，使广场更加具有向心感和聚合性，抬高的坡地下面容纳着商业和展览空间。在广场与坡地交界区域组织着广场主要交通流线，设计了独特的纪念景观要素。300 位抗战英烈的名字镌刻于抛光黑色大理石之上，伫立于游人漫步的广场一侧。广场西南侧是与城市对接的重要出入口，设置了下沉广场，使纪念广场与城市道路保持了一定的距离感。拱桥的巧妙连接则使得纪念广场的空间具有指向性和聚合性。

新馆是一个功能复合开放的综合体，除了胜利纪念广场、绿化公园外，还容纳了世界反法西斯战争中国战区胜利纪念馆、大巴车站、社会汽车库、自行车库、商业配套、办公等功能设施。场地西侧、北侧通过设置下沉庭院及坡道与地铁、隧道、周边城市空间对接与联系。它整体性对周边城市交通进行梳理与更新,有效地完善和补充了纪念馆的参观流线与交通组织,能够为城市提供一个方便可达、开放复合的城市空间节点。开放式的设计是新馆的一个重要特点,当纪念馆及新馆闭馆后,其他功能仍然可以继续提供社会服务。灯光照明的设计,使广场在日夜都形成不同的景色,成为一个公共开放的日夜公园。

三期扩容工程是侵华日军南京大屠杀遇难同胞纪念馆扩建工程的一个补充和延续,兼具开放性与公共性、日常性与纪念性。这里是一个容纳历史记忆与当前生活、胜利之情与死亡悲痛的场所,人们可以在这里纪念、休息、放松、漫步、玩耍。设计者希望通过一方公园、一个广场、一条道路的设计带给南京城市、南京市民喜欢的城市公共空间(图251—253)。

南非前总统纳尔逊·曼德拉(Nelson Man-dela)的雕像坐落在南非纳塔尔省,该雕像是为纪念他因反抗种族歧视入狱而建。由艺术家Marco Cianfanelli创作的这座雕像并未采用常见的大理石材质和写实手法,而是使用50根10m长的钢柱,指代监禁这一意象。在特定的角度,这50根形态各异却又造型坚毅无比的钢柱形成了曼德拉的头像图形,人物形象与他深爱的那片土地融为一体,代表了他对于国家的热爱。这样一个纪念性景观设计,没有采用常规的纪念碑手法,也超越了单纯说教的设计出发点,景观设计更加具有叙事性与寓意性(图254、图255)。

梅斯特将军纪念公园是2007年由BRUTO设计的,公园占地1500平方米,为梅斯特将军和在北部边疆奋战过的士兵们修建。它是一个抽象的三维空间,不同的道路沿着几何形式的草坪延展,是对梅斯特将军驻扎过的北部边疆的一种抽象再现。靠近道路的坡顶被削平,在末端加以支撑墙壁,它是整个纪念性结构的一部分。墙壁上有一条条的铜棒,上面刻着士兵的名字。这个标志性的组合以抽象的人身大小的铜制骑兵作为结尾(图256—258)。

加拿大Poppy Plaza纪念广场是由Marc Boutin建筑事务所和Stantec Consulting公司设计。由于场地位于具有特殊历史意义的二战纪念林内,需要设计师充分认识并利用优势,创造适合场地的优美景观。在这个有限的区域,设计师使用场地特有精神创建了一个全面的设计,既考虑了周边社区连接空间的景观需求,也探索性地传承了原始场地关于历史纪念意义的景观重塑,以纪念加拿大在两次世界大战中为了维持世界和平做出贡献的战士们(图259—261)。

戴安娜王妃纪念泉设计的理念基于戴安娜王妃生前的爱好与事迹,以"Reaching Out— Letting In"(敞开双臂——怀抱)为概念,设计了一个顺应场地坡度的,在树林中落脚的浅色景观闭环流泉。整个景观水路经历跌水、小瀑布、涡流、静止等多种状态,反映了戴安娜的起伏一生(图262、图263)。

遵义遗体器官捐献纪念碑旨在为广大群众、捐献者家属以及青少年等不

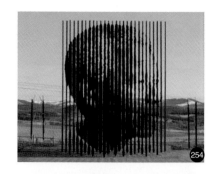

254 纳尔逊·曼德拉纪念碑以大地为背景并呈现人物影像。

255 纳尔逊·曼德拉纪念碑以钢柱的铸造之感进行叙事,表达监禁的意象。

129

Chapter 1　景观设计学与景观设计的概念　Chapter 2　景观设计的内容与尺度　Chapter 3　景观设计的思维建构　Chapter 4　城市景观设计的方法　Chapter 5　城市景观设计的表达　Chapter 6　城市类型景观设计概要

256 梅斯特将军纪念公园的地形处理为几何形。

257 梅斯特将军纪念公园水岸边丰富的高程设计。

258 梅斯特将军纪念公园金属线描手法的景观艺术品。

259 加拿大 Poppy Plaza 纪念广场。

260 MEMORIAL 放大的立体字表明了主题。

261 加拿大 Poppy Plaza 纪念广场铺装的细部设计。

262 伦敦海德公园内的戴安娜王妃纪念泉形同一串项链。

263 戴安娜王妃纪念泉水景的细部设计表达细腻的情感。

264 纪念碑成为一个微型的日常场所系统，如同磐石与山脚自然的林木、地势嵌为一体。

同社会群体提供一处静谧的公共场所，以悼念和缅怀人体器官（人体、眼角膜组织等）捐献者们，表达对他们无私奉献的大爱精神的敬仰。

项目选址在遵义凤凰山半山腰西南角的一处市民休闲健身广场。项目尊重原有场地及其自然环境肌理，仅拆除部分健身器材，并充分保留了广场的休息凉亭等设施及其原有的基础布局，以最大化适应性介入周边环境；同时使得新建筑尽可能呈现质朴和低调的姿态，与当地的自然风貌以及当代社会人文精神保持谦逊而开放的互动。

建筑赞美生命：那些在生命终点前志愿捐出身体或器官的人，一定拥有一个乐观灿烂的生命。设计基于"光（Englightment）"的理念来展开：生命的光亮，或强或弱，但四散开去照亮一隅，美好而沉静！（图264）

知识链接
纪念环境景观设计

九、其他环境景观设计

1. 其他环境景观设计包含的内容

其他环境景观设计包括人文环境设计、地标类环境设计、户外展示设计、临时性景观设计、艺术装置设计等。

应根据不同的主题进行展示布置的空间环境。展示设计必须调动各种艺术手段，突出主题，烘托气氛，增强展示效果，使展览陈列更富有吸引力。而城市环境中经常会发生各种主题活动，于是有很多临时性景观设计作品成为灵活的、可变的、体现时代主题和事件性的载体。艺术装置设计常常位于这些临时性景观设计的中心，成为城市环境的画龙点睛之笔。

在2013年葡萄牙里斯本三年展上，墨西哥建筑师Frida Escobedo设计了这个互动装置（图265、图266）。这是一个拥有金属结构木质表面的装置（在墨西哥建造，为了此次活动而运往葡萄牙）。策展人希望他以参与和层次为主题来设计一个舞台，因此他设计了一个圆形的旋转舞台，坐落在一个城市的主要广场上。观众越多，表演者被升起得越高（最高升高至1.5m）。设计师利用这个舞台放大了人们的形态，表达现实生活中的人们自身的愿望。

临时城市装置（图267、图268）由都市实践合伙人刘晓都带领项目组及合作方——巴塞罗那的La Salle建筑学院和USC美国南加州大学建筑学院的研究生团队在Plaza Nova进行现场搭建。该装置在为期三个月的纪念加泰罗尼亚300年前的一场战争而设计的城市系列文化活动中展示。其空间由传统的加泰罗尼亚黏土拱顶抽象而成，从中国运送的标准化小竹片仅10mm，形成紧凑网络支撑大跨结构，减少了对扶壁和临时支撑的需求，且组装方式极其简单，任何人都可以参与。

《柱阵》是场域营造工作室为2021年唐山德龙钢铁雕塑艺术园而创作的一组作品。德龙钢铁艺术园整体地势平坦开阔，由于紧邻渤海，原是湿地滩涂。创作的初衷是想在艺术园区制造一个"地标"，以此来"抗衡"和"缓解"商业楼盘所带来的尺度压迫和视觉突兀。方形柱阵由9组单个空心柱体构成，每个空心柱体采用高7.2m、宽2.2m、厚0.02m的钢板焊接围合而成，柱体与柱体之间的间距为1.5m。

钢铁无疑是现代工业文明的重要标志之一，而钢板给人的惯常感觉更是冷峻、坚实、厚重。为使作品呈现出一定的日常性和亲和感，设计师希望赋予钢板某种温暖、通透、轻盈的气质，将钢板赋予爬山虎的藤蔓肌理，以此作为围合空间的语言和手段。（图269、图270）

草间弥生（Yayoi Kusama）在美国康涅狄格州的玻璃屋博物馆（Glass House）周围0.198km²的景观中，创作了景观装置作品"水仙花园"（Narcissus Garden）。它包含1300个漂浮的钢圆球，每个圆球的直径达到

265 **266** 里斯本 civic stage 城市舞台互动装置。

267 巴塞罗那 Plaza Nova 临时城市装置。

268 Plaza Nova 临时城市装置以竹子为材料。

3.6m，漂浮在玻璃屋博物馆西面的大片水域中，形成一道蔚为壮观的景象。
博物馆的主人是菲利普·约翰逊（Philip Johnson），博物馆最初建于50年
前，最初是作为威尼斯艺术双年展的一部分而建的。这些钢球漂浮在新建的
水池当中，顺着微风和水流的方向移动着，形成一个不断变化的、动态的装置
作品，同时，圆球光滑的表面反射着水中的亭子、周围的树林以及远处的天空
（图271、图272）。

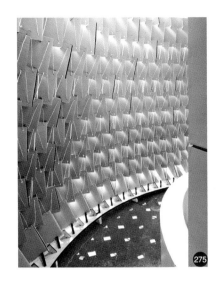

133

Chapter 1 景观设计学与景观设计的概念

Chapter 2 景观设计的内容与尺度

Chapter 3 景观设计的思维建构

Chapter 4 城市景观设计的方法

Chapter 5 城市景观设计的表达

Chapter 6 城市类型景观设计概要

❷❻❾ 有垂拔感的方形柱阵。

❷❼⓪ 《柱阵》最终营造出的虚幻重叠和藤蔓密集肆意生长意向在场地中营造出强烈的超现实感。

❷❼❶ 景观装置作品"水仙花园"。

❷❼❷ 1300个闪亮的圆球装置景观。

❷❼❸ 西班牙的法耶火节庆典的"空脑壳"装置。

❷❼❹ "空脑壳"装置成为城市空间的亮点。

❷❼❺ 装置富有构造感的细部设计。

法耶火节（Falles）是西班牙瓦伦西亚用于纪念圣约瑟夫（Saint Joseph）的一个传统节日。该城市的每一个住区都会搭建一个"Falla"，并最终会在为期五天的庆典的最后一天将其点燃成一个巨大的篝火。Castielfabib邀请了Nituniyo和Memosesmas设计一座具有建筑特征的装置，用来参加这个具有宗教和文化意义的庆典。一个巨大的脑袋是法耶火节中重复出现的主题，Nituniyo选其来作为他们装置的核心概念。"空脑壳"（Empty Head）借鉴了人体头部的基本概念，使用了其中两个独特的元素：脸和头发。其头发由一片片纸板构成，组装形成王冠的形状。格子状的纹理在装置周围形成了一种简单而精致的图案，能让光线均匀地照入内部。这个装置在节日结束之前举办的一系列研讨会中成为供人们交流想法和创意的枢纽。在最后一天（这一天也被称为"燃烧之日Crema"），人们会看着这个临时装置被烧为灰烬（图273—275）。

千禧公园建成于2004年7月，由被誉为后现代解构主义建筑大师著名建筑设计师弗兰克·盖里（Frank Gehry）设计完成。千禧公园面积为0.097km²，共耗资5亿美元，是"后现代建筑风格"的集中地。露天音乐厅（Jay Pritzker Music Pavilion）、云门（Cloud Gate）和皇冠喷泉（Crown Fountain）是千禧公园中最具代表的三处景观。

弗兰克·盖里亲自操刀设计的露天音乐厅（杰·普立兹音乐厅）是公园的扛鼎之作，整个建筑的顶棚犹如泛起的片片浪花，能容纳7000人的大型室外露天剧场则由纤细交错的钢构在大草坪上搭起网架天穹，营造了极具视觉冲击力的公共空间，让人耳目一新。而跨公路连接千禧公园和戴利两百周年纪念广场的蛇形BP桥，其不锈钢蛇形桥体在材质、造型语言上与雕塑化的露天剧场舞台顶棚形成整体视觉呼应。在这里，每年都会举办大型的音乐节，场面颇为壮观。

云门，该雕塑由英国艺术家安易斯（Anish）设计，整个雕塑由不锈钢拼贴而成，虽体积庞大，外形却非常别致，宛如一颗巨大的豆子，因此也有很多当地人昵称它为"银豆"。由于其表面材质为高度抛光的不锈钢板，整个雕塑又像一面球形的镜子，在映照出芝加哥市摩天大楼和天空朵朵白云的同时，也如一个巨大哈哈镜，吸引游人驻足欣赏雕塑映出的别样的自己。

皇冠喷泉由西班牙艺术家詹米·皮兰萨（Jaume Plensa）设计，是两座相对而建的、由计算机控制15m高的显示屏幕，交替播放着代表芝加哥的1000个市民的不同笑脸，欢迎来自世界各地的游客。每隔一段时间，屏幕中的市民口中会喷出水柱，为游客带来突然惊喜。每逢盛夏，皇冠喷泉变成了孩子们戏水的乐园。至此，人们不得不敬重艺术家的超凡想象设计，他们抛却传统的公共雕塑功能，而让原本静止的物体与游人一起互动起来，赋予了雕塑新的意义。

每年有2000万游客来到该公园，这已成为芝加哥25亿美元旅游和商业的驱动力。千禧公园成为一个有价值的社交和公共场所,是其他寻求城市催化剂的城市典范,是城市的重要地标(图276—279)。

Sweetwater Spectrum 成人自闭症谱系障碍住宅社区位于美国加利福尼亚州索诺玛县。Sweetwater Spectrum 是一种创新和开创性的模式,旨在满足自闭症成年人独特的日常生活需求。该住宅社区希望为患有自闭症的成年人提供一个创新的、支持性的住宅社区,挑战每个人发挥他或她的最大潜力。

其创始原则有:支持全方位的自闭症谱系障碍;鼓励居民积极参与他们的家庭、社区和周围社区;提供富有成效、丰富的选择,支持有目的的生活;提供终身居留权的潜力;利用自闭症特定的设计,解决安全和感官问题;在居民和支持人员之间建立长期、高价值的关系;适应广泛的财务范围;创建并培育可在全国范围内复制的模式。

占地 11000m² 的社区包括四个住宅,每个住宅有四间卧室。社区中心设有教学厨房、健身室、图书馆以及艺术和音乐空间,一个治疗游泳池和两个水疗中心,小径、场地家具、吊床花园、游乐草坪和种植,一个 5000m² 的有机菜园和带温室的果园。

276 千禧公园平面图。
277 千禧公园露天音乐厅。
278 千禧公园雕塑"云门"。
279 千禧公园皇冠喷泉。

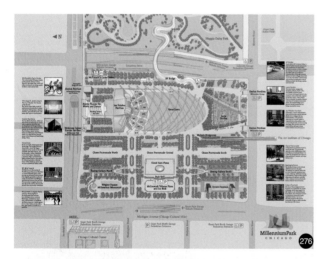

景观设计学与景观设计的概念 Chapter 1

景观设计的内容与尺度 Chapter 2

景观设计的思维建构 Chapter 3

城市景观设计的方法 Chapter 4

城市景观设计的表达 Chapter 5

城市类型景观设计概要 Chapter 6

知识链接

其他环境景观设计

考虑到可持续发展，建筑材料和做法都是安全、无毒、无害环境和可持续的，使用当地采购的材料，并由当地分包商安装。该住宅社区实施现场雨水管理，该建筑的可持续特征还包括凉爽的屋顶、太阳能光伏板和太阳能热水、自然通风、日间照明和太阳能管天窗、高性能窗户和辐射地板采暖（图280—283）。

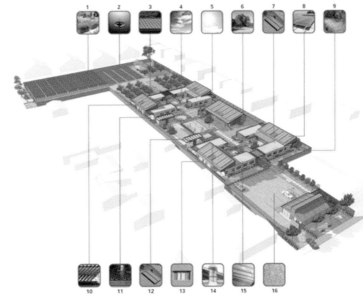

SUSTAINABILITY DIAGRAM
1 ORGANIC FARM 2 IRRIGATION WELL 3 COOL ROOF 4 NATURAL VENTILATION 5 DAYLIGHTING 6 DROUGHT TOLERANT PLANTS
7 SOLAR HOT WATER PANELS 8 SOLAR PV PANELS 9 STORMWATER FILTRATION BIO-SWALE 10 SUN CONTROL 11 RADIANT FLOOR SYSTEM
12 POOL SOLAR PANELS 13 HIGH PERFORMANCE WINDOWS 14 SOLAR TUBE SKYLIGHTS 15 HIGH R-VALUE EXTERIOR WALLS & ROOF 16 PERMEABLE PAVING

280 Sweetwater Spectrum 成人自闭症谱系障碍住宅社区鸟瞰图。

281 Sweetwater Spectrum 成人自闭症谱系障碍住宅社区吊床花园。

282 Sweetwater Spectrum 成人自闭症谱系障碍住宅社区游乐草坪。

283 Sweetwater Spectrum 成人自闭症谱系障碍住宅社区温室。

课堂思考

1.什么是建筑类型学？城市景观设计有哪些类型？

2.公共环境类型的景观设计具体内容有哪些？

3.不同类型的城市景观设计，在设计时要注意的要点有哪些？举例说明。

参考文献

中文著作：

（1） [美] 约翰·O.西蒙兹.景观设计学——场地规划与设计手册 [M].俞孔坚，王志芳，孙鹏，译.北京：中国建筑工业出版社，2000.

（2） [英] 杰弗瑞·杰里柯.图解人类景观——环境塑造史论 [M].刘滨谊，译.上海：同济大学出版社，2006.

（3） 刘滨谊.现代景观规划设计 [M].南京：东南大学出版社，2005.

（4） 王向荣，林箐.西方现代景观设计的理论与实践 [M].北京：中国建筑工业出版社，2002.

（5） 刘滨谊.风景景观工程体系化 [M].北京：中国建筑工业出版社，1990.

（6） [英] 贡布里希.艺术与科学 [M].杨思梁，等，译.杭州：浙江摄影出版社，1998.

（7） [美] 鲁道夫·阿恩海姆.视觉思维 [M].滕守尧，译.北京：光明日报出版社，1986.

（8） [加] 艾伦·卡尔松.自然与景观 [M].陈李波，译.长沙：湖南科学技术出版社，2006.

（9） [美] 帕特里克·弗兰克.视觉艺术原理 [M].陈蕾，译.上海：上海人民美术出版社，2008.

（10） 董卫星.视觉形态语义 [M].上海：上海大学出版社，2007.

（11） 周至禹.思维与设计 [M].北京：北京大学出版社，2007.

（12） 王洪义.视觉形式分析 [M].杭州：浙江大学出版社，2007.

（13） [德] 汉斯·罗易德，斯蒂芬·伯拉德.开放空间设计 [M].罗娟，译.北京：中国电力出版社，2007.

（14） 周锐，徐龙宝.视觉形态构成 [M].上海：上海大学出版社，2007.

（15） 师晟.视觉构造原理 [M].上海：东华大学出版社，2006.

（16） 丁同成，等.形象思维基础 [M].北京：高等教育出版社，2007.

（17） 赵蕾.形态设计基础 [M].上海：上海远东出版社，2007.

（18） [美] 大卫·A.劳尔，斯蒂芬·潘塔克.设计基础 [M].李小霞，译.长沙：湖南美术出版社，2008.

（19） [美] 鲁道夫·阿恩海姆.艺术与视知觉 [M].孟沛欣，译.长沙：湖南美术出版社，2008.

（20） [美] 鲁道夫·阿恩海姆，诺曼·N.霍兰，欧文·L.蔡尔德.艺术的心理世界 [M].周宪，译.北京：中国人民大学出版社，2003.

（21） 辛华泉.形态构成学 [M].杭州：中国美术学院出版社，1996.

（22） 辛华泉.形式语言 [M].武汉：湖北美术出版社，2005.

（23） 戴俭.建筑形式构成方法解析 [M].天津：天津大学出版社，2002.

（24） 罗文媛，赵明耀.建筑形式语言 [M].北京：中国建筑工业出版社，2001.

（25） 尹定邦.贡布里希论设计 [M].长沙：湖南科学技术出版社，2001.

（26） 廖军.视觉艺术思维 [M].北京：中国纺织出版社，2001.

（27） 邬烈炎.视觉体验 [M].南京：江苏美术出版社，2007.

（28） [英] 西蒙·贝尔.景观的视觉设计要素 [M].王文彤，译.北京：中国建筑工业出版社，2004.

（29） 张钦楠.建筑设计方法学 [M].北京：清华大学出版社，2007.

（30） [瑞士] 彼得·卒姆托.思考建筑 [M].张宇，译.北京：中国建筑工业出版社，2010.

（31） 同济大学建筑系建筑设计基础教研室.建筑形态设计基础 [M].北京：中国建筑工业出版社，2008.

（32） [美] 伊恩·伦诺克斯·麦克哈格.设计结合自然 [M].芮经纬，译.天津：天津大学出版社，

2006.

（33） [美] 彼得·沃克，梅拉妮·西莫 . 看不见的花园——探寻美国景观的现代主义 [M]. 王健，
王向荣，译 . 北京：中国建筑工业出版社，2008.

（34） 成玉宁 . 现代景观设计理论与方法 [M]. 南京：东南大学出版社，2010.

（35） [美] 詹姆士·科纳 . 论当代景观建筑学的复兴 [M]. 吴琨，韩晓晔，译 . 北京：中国建筑
工业出版社，2007.

（36） [美] 马克·特里博 . 现代景观——一次批判性的回顾 [M]. 丁力扬，译 . 北京：中国建筑工
业出版社，2008.

（37） 吴轶博 . 图形联想与创意教程 [M]. 长春：吉林美术出版社，2010.

（38） 董雪莲 . 图形创意 [M]. 北京：中国传媒大学出版社，2009.

（39） 万轩，介新刚，刘琪 . 设计构成 [M]. 北京：中国电力出版社，2008.

（40） [美] 彼得·埃森曼 . 彼得·埃森曼：图解日志 [M]. 陈欣欣，何捷，译 . 北京：中国建筑工
业出版社，2005.

（41） 韩国 C3 出版公社 .C3 建筑与环境 [M]. 成都：四川大学出版社，2007.

（42） 国际新景观 . 国际景观设计年鉴：2006—2007[M]. 成都：四川大学出版社，2007.

（43） [荷] 亚历山大·佐尼斯 . 圣地亚哥卡拉特拉瓦：运动的诗篇 [M]. 张育南，古红樱，译 . 北京：
中国建筑工业出版社，2005.

（44） [英] 英尔林·林奇 . 数字建构：青年建筑师作品 [M]. 徐卫国，译 . 北京：中国建筑工业出版社，
2008.

（45） 北京市规划委员会，奥运森林公园建设管理委员会，北京市园林局 .2008 北京奥运：北京
奥林匹克公园森林公园及中心区景观规划设计方案征集 [M]. 北京：中国建筑工业出版社，
2004.

（46） [美] 格兰特·W. 里德 . 景观设计绘图技巧 [M]. 韩凌云，译 . 安徽：安徽科学技术出版社，
1998.

（47） [美] 吉姆·雷吉特 . 绘画捷径：运用现代技术发展快速绘画技巧 [M]. 田宏，译 . 北京：机
械工业出版社，2004.

（48） 大师系列丛书编辑部 . 大师草图 [M]. 北京：中国电力出版社，2005.

（49） 韩国 C3 出版公社 . 国际新锐景观事务所作品集 [M]. 大连：大连理工大学出版社，2008.

（50） [意] 克劳迪奥·杰默克，等 . 场所与设计 [M]. 谭建华，贺冰，译 . 大连：大连理工大学出
版社，2001.

英文著作：

（1） Landscape. Pattern，Perception and Process[M].New York: Simon Bell，1999.

（2） Sarah Gaventa. New Public Spaces[M].London: Octopus Publishing Group
Ltd，2006.

（3） A+T Ediciones. The Public Chance[M].Spain: Vitoria-Gasteiz，2008.

（4） Starlandscape [M]. Hong Kong: Loft Publications，2010.

（5） Philip Jodidio. Green Architecture Now[M].Hong Kong: Couverture，2010.

（6） MARK [J]. Netherlands: Frame Publishers，2012.

图片来源

❶ 来源: [美]约翰·O.西蒙兹.景观设计学——场地规划与设计手册 [M]. 俞孔坚，王志芳，孙鹏，译. 北京：中国建筑工业出版社，2000.

❷ 来源: 俞孔坚.哈佛大学景观规划设计专业教学体系 [J]. 建筑学报，1992（2）：58—62.

❸ 来源: 刘滨谊.现代景观规划设计 [M].南京：东南大学出版社，2005.

❹ 来源: http://www.archdaily.cn/cn/871062/

❺ 来源: www.todayonhistory.com

❻ 来源: www.baike.baidu.com

❼ 来源: 东南大学艺筑建筑工作室"银杏里文化商业街区设计"

❸ 来源: [英]杰弗瑞·杰里柯.图解人类景观——环境塑造史论 [M].刘滨谊，译.上海：同济大学出版社，2006.

❹ 来源: www.asla.org

❺ 来源: The Master Landscape Architecture J JR

❼ 来源: www.asla.org

❽ 来源: www.asla.org

❾ 来源: www.asla.org

❷⓿ 来源: www.asla.org

❷❷ 来源: www.gooood.hk

❷❸ 来源: www.asla.org

❷❹ 来源: www.asla.org

❷❺ 来源: www.asla.org

❷❼ 来源: 千岛湖旅游风景区景观规划设计 / 刘滨谊设计

❸❶ 来源: www.nipic.com

❸❷ 来源: A+T Ediciones. The Public Chance[M].Spain: Vitoria-Gasteiz, 2008.

❸❸ 来源: Philip Jodidio, Green Architecture N ow[M].Hong Kong: Couverture, 2010.

❸❺ 来源: 胡思嘉.100 国际获奖竞赛 [M]. 贺丽，译. 沈阳：辽宁科学技术出版社，2011.

❸❼ 来源: 枡野俊明的作品集 [M]. 南京：江苏凤凰科学技术出版社，2015.

❸❽ 来源: http://blog.sina.com.cn/s/blog _673c8b9e0101cnxn.html

❸❾ 来源: [荷]亚历山大·佐尼斯.圣地亚哥卡拉特拉瓦：运动的诗篇 [M].张育南，古红樱，译.北京：中国建筑工业出版社，2005.

❹⓿ 来源: [荷]亚历山大·佐尼斯.圣地亚哥卡拉特拉瓦：运动的诗篇 [M].张育南，古红樱，译.北京：中国建筑工业出版社，2005.

❹❶ 来源: 蛇形画廊 https://baijiahao.baidu.com

❹❷ 来源: www.jmddesign.com.au

❹❸ 来源: www.asla.org

❹❹ 来源: 廖军.视觉艺术思维 [M].北京：中国纺织出版社 .2001.

❹❻ 来源: www.asla.org

❹❾ 来源: http://www.landscape.cn

❺❶ 来源: www.asla.org

❺❺ 来源: [美]格兰特·W.里德.景观设计绘图技巧 [M]韩凌云，译.安徽：安徽科学技术出版社，1998.

❺❻ 来源: [美] 彼得 · 布坎南 . 伦佐 · 皮阿诺建筑工作室作品集第 2 卷 [M]. 北京: 机械工业出版社, 2003.

❺❼ 来源: [美] 格兰特 · W. 里德 . 景观设计绘图技巧 [M] 韩凌云，译. 安徽: 安徽科学技术出版社, 1998.

❺❽ 来源: 城市环境景观 [M]. 桂林: 广西师范大学出版社, 2015.

❺❾ 来源: [美] 格兰特 · W. 里德 . 景观设计绘图技巧 [M] 韩凌云，译. 安徽: 安徽科学技术出版社, 1998.

❻⓿ 来源: www.asla.org

❻❶ 来源: www.asla.org

❻❷ 来源: 自然 + 景观 [M]. 南京: 江苏人民出版社, 2012.

❻❸ 来源: [美] 格兰特 · W. 里德 . 景观设计绘图技巧 [M] 韩凌云，译. 安徽: 安徽科学技术出版社, 1998.

❻❻ 来源: [美] 格兰特 · W. 里德 . 景观设计绘图技巧 [M] 韩凌云，译. 安徽: 安徽科学技术出版社, 1998.

❻❼ 来源: [美] 格兰特 · W. 里德 . 景观设计绘图技巧 [M] 韩凌云，译. 安徽: 安徽科学技术出版社, 1998.

❻❾ 来源: 来源: www.chla.com.cn

❼❸ 来源: 对位创作: PAYSAGES 景观事务所设计作品专辑 [M]. 沈阳: 辽宁科学技术出版社, 2014.

❼❼ 来源: 大师系列丛书编辑部 . 大师草图 [M]. 北京: 中国电力出版社, 2005.

❼❾ 来源: 大师系列丛书编辑部 . 大师草图 [M]. 北京: 中国电力出版社, 2005.

❽❶ 来源: 国际新锐景观事务所作品集 2 Balmori C3Landscape

❽❷ 来源: 国际新锐景观事务所作品集 2 Balmori C3Landscape

❽❸ 来源: 国际新锐景观事务所作品集 2 Balmori C3Landscape

❾❶ 来源: 曹德利, 卞宏旭 . 景观扩初设计 [M]. 沈阳: 辽宁科学技术出版社, 2013.

❾❷ 来源: 曹德利, 卞宏旭 . 景观扩初设计 [M]. 沈阳: 辽宁科学技术出版社, 2013.

❾❸ 来源: 吕明伟, 潘子亮, 黄生贵 . 绿色基础设施: 公园规划设计 [M]. 北京: 中国建筑工业出版社, 2015.

❾❽ 来源: 国际新锐景观事务所作品集 1 S L A C 3Landscape

❾❾ 来源: 国际新锐景观事务所作品集 1 S L A C 3Landscape

101 来源: www.asla.org

102 来源: www.pinlite.net

103 来源: www.pinlite.net

104 来源: www.asla.org

105 来源: 国际新锐景观事务所作品集 2 B almori C 3Landscape

106 来源: 国际新锐景观事务所作品集 2 B almori C 3Landscape

107 来源: 国际新锐景观事务所作品集 2 B almori C 3Landscape

108 来源: 国际新锐景观事务所作品集 2 B almori C 3Landscape

109 来源: 国际新锐景观事务所作品集 2 B almori C 3Landscape

110 来源: 国际新锐景观事务所作品集 2 B almori C 3Landscape

111 来源: [美] 格兰特 · W. 里德 . 景观设计绘图技巧 [M] 韩凌云，译. 安徽: 安徽科学技术出版社, 1998.

112 来源: [美] 格兰特 · W. 里德 . 景观设计绘图技巧 [M] 韩凌云，译. 安徽: 安徽科学技术出版社, 1998.

⑬ 来源:[美] 格兰特·W. 里德 . 景观设计绘图技巧 [M] 韩凌云，译 . 安徽: 安徽科学技术出版社，1998.

⑯ 来源: 胡延利，陈宙颖 . 境外景观设计公司作品集萃 [M]. 武汉: 华中科技大学出版社，2008.

⑱ 来源: 韩国 C3 出版公社 . 国际新锐景观事务所作品集 [M]. 大连: 大连理工大学出版社，2008.

⑲ 来源: 韩国 C3 出版公社 . 国际新锐景观事务所作品集 [M]. 大连: 大连理工大学出版社，2008.

⑳ 来源: 韩国 C3 出版公社 . 国际新锐景观事务所作品集 [M]. 大连: 大连理工大学出版社，2008.

㉑ 来源:[意] 克劳迪奥·杰默克，等 . 场所与设计 [M]. 谭建华，贺冰，译 . 大连: 大连理工大学出版社，2001.

㉒ 来源:[意] 克劳迪奥·杰默克，等 . 场所与设计 [M]. 谭建华，贺冰，译 . 大连: 大连理工大学出版社，2001.

㉓ 来源:[意] 克劳迪奥·杰默克，等 . 场所与设计 [M]. 谭建华，贺冰，译 . 大连: 大连理工大学出版社，2001.

㉔ 来源:[意] 克劳迪奥·杰默克，等 . 场所与设计 [M]. 谭建华，贺冰，译 . 大连: 大连理工大学出版社，2001.

⑬⑤ 来源: ADVANCED A RCHITECTURE3. DAMDI Publishing Co. March 2010

⑬⑥ 来源: COMPOUND BODY U NSANGDONG Architects

⑬⑦ 来源: www.pinlite.net

⑬⑧ 来源: www.pinlite.net

⑬⑨ 来源: www.pinlite.net

⑭⑤ 来源: ABCP portfolio 作品汇编

⑭⑦ 来源: 大师系列丛书编辑部 . 大师草图 [M]. 北京: 中国电力出版社，2005.

⑭⑧ 来源: 大师系列丛书编辑部 . 大师草图 [M]. 北京: 中国电力出版社，2005.

⑮⓪ 来源: 建筑学院 http://www.archcollege.com

⑮① 来源: 孙彤宇 . 建筑徒手表达 [M]. 上海: 上海人民美术出版社，2012.

⑮② 来源: Collection of International Design Master Vol.1. A ZUR Corporation in 2005

⑮③ 来源: Collection of International Design Master Vol.1. A ZUR Corporation in 2005

⑮④ 来源: 建筑学院 http://www.archcollege.com

⑮⑤ 来源: 建筑学院 http://www.archcollege.com

⑮⑥ 来源: 建筑学院 http://www.archcollege.com

⑯⓪ 来源: www.asla.org

⑯② 来源: 曹德利，卞宏旭 . 景观扩初设计 [M]. 沈阳: 辽宁科学技术出版社，2013.

⑯③ 来源: 建筑学院 http://www.archcollege.com

⑯④ 来源:[美] 格兰特·W. 里德 . 景观设计绘图技巧 [M] 韩凌云，译 . 安徽: 安徽科学技术出版社，1998.

⑯⑤ 来源:[美] 格兰特·W. 里德 . 景观设计绘图技巧 [M] 韩凌云，译 . 安徽: 安徽科学技术出版社，1998.

⑯⑧ 来源: www.pinlite.net

⑯⑨ 来源: 曹德利，卞宏旭 . 景观扩初设计 [M]. 沈阳: 辽宁科学技术出版社，2013.

⑰⓪ 来源: 曹德利，卞宏旭 . 景观扩初设计 [M]. 沈阳: 辽宁科学技术出版社，2013.

⑰① 来源: 曹德利，卞宏旭 . 景观扩初设计 [M]. 沈阳: 辽宁科学技术出版社，2013.

172 来源: 曹德利,卞宏旭.景观扩初设计 [M].沈阳:辽宁科学技术出版社,2013.

175 来源: www.asla.org

176 来源: www.asla.org

177 来源: www.asla.org

178 来源: www.asla.org

183 来源: [美]格兰特·W.里德.景观设计绘图技巧 [M] 韩凌云,译.安徽:安徽科学技术出版社,1998.

184 来源: [美]格兰特·W.里德.景观设计绘图技巧 [M] 韩凌云,译.安徽:安徽科学技术出版社,1998.

186 来源: [美]格兰特·W.里德.景观设计绘图技巧 [M] 韩凌云,译.安徽:安徽科学技术出版社,1998.

206 来源: www.gooood.cn

207 来源: www.gooood.cn

208 来源: www.gooood.cn

209 来源: www.gooood.cn

210 来源: www.gooood.cn

211 来源: www.gooood.cn

212 来源: www.gooood.cn

233 来源: www.asla.org

234 来源: www.asla.org

235 来源: www.asla.org

236 来源: www.asla.org

237 来源: www.asla.org

238 来源: www.asla.org

239 来源: www.asla.org

244 来源: 东南大学艺筑建筑工作室"银杏里文化商业街区设计"

245 来源: 东南大学艺筑建筑工作室"银杏里文化商业街区设计"

246 来源: 东南大学艺筑建筑工作室"银杏里文化商业街区设计"

247 来源: www.gooood.cn

248 来源: www.gooood.cn

249 来源: www.gooood.cn

250 来源: www.gooood.cn

251 来源: www.asla.org

254 来源: www.asla.org

255 来源: www.asla.org

256 来源: 郝卫国,于坤.西方现代艺术与景观 [M].天津:天津大学出版社.2020.

257 来源: 郝卫国,于坤.西方现代艺术与景观 [M].天津:天津大学出版社.2020.

258 来源: 郝卫国,于坤.西方现代艺术与景观 [M].天津:天津大学出版社.2020.

259 来源: www.zhulong.com

260 来源: www.zhulong.com

261 来源: www.zhulong.com

262 来源: www.designboom.com

263 来源：www.designboom.com

264 来源：www.gooood.cn

265 来源：www.archcollege.com

266 来源：www.archcollege.com

267 来源：www.archcollege.com

268 来源：www.archcollege.com

269 来源：www.asla.org

270 来源：www.asla.org

271 来源：www.asla.org

272 来源：www.asla.org

273 来源：www.asla.org

274 来源：www.asla.org

276 来源：www.asla.org

277 来源：www.asla.org

280 来源：www.asla.org

281 来源：www.asla.org

282 来源：www.asla.org

283 来源：www.asla.org

🔍 "城市景观设计"课程教学安排建议

课程名称：城市景观设计

总学时：60 学时

适用专业：环境设计专业、景观设计专业

预修课程：城市设计、景观设计概论、景观场地设计

一、课程性质、目的和培养目标

　　本课程为环境设计专业的限定选修课程之一。本课程通过课程教学使学生了解景观设计的基本概念与相关理论，了解景观设计学的发展历程；认识景观设计的专业领域、分类以及与相关学科的关系。

　　本课程的目标是：了解城市景观设计的内容与尺度、设计思维、工作模式；通过调研、分析、概念设计，通过案例学习最新的景观设计理念与景观创意设计；掌握城市景观设计的设计程序与方法，并形成有效的设计表达的成果。

二、课程内容和建议学时分配

单元	课题内容	课时分配		
		讲课	作业	小计
1	建立景观设计学、景观设计与城市景观设计的概念，了解景观设计的演变过程。	2	3	5
2	掌握景观设计的尺度原则以及景观设计的尺度制约。了解城市景观设计的内容与尺度。	2	3	5
3	学习景观设计的思维建构，理性思维、感性思维、互动思维、多元思维等，为设计的方法展开找寻到切实可行的思路。	3	2	5
4	学习城市景观的设计方法，了解景观设计的正确程序。掌握景观设计方法的循序渐进和设计的逻辑性展开。	8	9	17
5	学习景观设计的表达方式，了解一维语言文字表现、二维图纸系统表现、三维实体模型表现、四维动画表现的含义及表征，掌握方案成果的各种表达方式。	9	9	18
6	根据类型来了解城市景观的设计内容与设计要点，主要从公共环境、教育环境、办公环境、医疗环境、居住环境、商业环境、娱乐环境、纪念环境以及其他环境景观设计等九个类型来学习。	4	6	10
合　计		28	32	60

三、教学大纲说明

1. 了解景观设计的基本概念与相关理论，了解景观设计学的发展历程；认识景观设计的专业领域、分类以及与相关学科的关系。

2. 使学生了解城市景观设计的概念、设计思维、工作模式和结构体系，熟悉景观设计的理论基础、技术手段和实践作品。

3. 通过调研、分析、概念设计，掌握景观设计的现状、整合、设计的系统性方法与程序。

4. 通过设计推演和方案深化，掌握景观设计的正确、逻辑的设计方法，具备基本的景观设计能力，并形成有效的设计表达的成果。

四、考核方式

第 1、2 单元占 15%，第 3、4 单元占 25%，第 5、6 单元占 60%。

致谢

本书在编写过程中，南京艺术学院设计学院景观专业的研究生参与到文稿的编辑整理工作，感谢他们为本书做出的贡献，他们是袁亦尧、陈颖、吕易轩、吴艺璇、沈前辰、刘艺琳。部分设计图稿来自本人指导的本科生及研究生的课题作业和毕业设计。

感谢张菲老师为本书的第 5、6 单元提供了写作稿。

感谢我的学生，是他们的学习成果给予我们信心和鼓励。

感谢出版社的孙铭编辑为本书出版付出的努力。

注：本文未标注来源的图片均来自作者的设计项目图纸、自摄或来自作者指导的学生课程作业。